Supervisión agrícola mediante imágenes y drones

avanza editorial

Editado por:
EDITORIAL FAE, S.L.U.
Correo electrónico: editorial@editorialfae.com

Supervisión agrícola mediante imágenes y drones
Elsa Rubio Dulce

1ª Edición

Se ha puesto el máximo empeño en ofrecer a la persona lectora una información completa y precisa. Sin embargo, Editorial FAE, S.L.U., no asume ninguna responsabilidad derivada de su uso ni tampoco de cualquier violación de patentes ni otros derechos de terceras partes que pudieran ocurrir. Esta publicación tiene por objeto proporcionar unos conocimientos precisos y acreditados sobre el tema tratado. Su venta no supone para el editor ninguna forma de asistencia legal, administrativa o de ningún otro tipo.

ISBN: 978-84-1135-288-8

Impreso en España

Presentación

Ficha técnica del curso

El presente manual desarrolla el contenido teórico de la acción formativa "Supervisión agrícola mediante imágenes y drones" incluida en FUNDAE con código AGAU42 en la familia profesional Agraria y dentro del Área Profesional de "Agricultura".

La acción formativa cuenta con una duración de 50 horas y su contenido está estructurado en una unidad de aprendizaje que se distribuye según lo expuesto en el siguiente índice.

Índice

Módulo 1. Supervisión agrícola mediante imágenes y drones

Aplicaciones prácticas

Solucionario

Ejercicio de evaluación final

Bibliografía

Índice

Módulo 1. Supervisión agrícola mediante imágenes y drones

Introducción

La agricultura moderna está en constante evolución, y una de las innovaciones más impactantes en este campo es el uso de imágenes y drones para la supervisión agrícola. Este curso está diseñado para proporcionar una comprensión integral de cómo se pueden emplear las imágenes y la tecnología de drones para optimizar las prácticas agrícolas.

A lo largo de este módulo, se adquirirán conocimientos prácticos y teóricos en áreas clave como la obtención y manejo de imágenes, el procesamiento de datos de imágenes a través de software especializado, la planificación de vuelos de drones y el análisis crítico de los resultados obtenidos para tomar decisiones informadas en la agricultura.

Objetivos

- Desarrollar una comprensión sólida de cómo se pueden utilizar las imágenes y los drones para supervisar y mejorar las prácticas agrícolas. Esto incluye familiarizarse con diferentes tipos de imágenes (como las obtenidas de satélites y drones), aprender sobre sus fuentes y cómo se pueden descargar y utilizar de manera efectiva.

- Adquirir habilidades prácticas en el procesamiento de imágenes utilizando herramientas avanzadas como ArcGIS Pro y otras plataformas relevantes. Se aprenderá a procesar imágenes, como las del Sentinel-2, y analizaremos casos prácticos para entender cómo estas habilidades se aplican en situaciones reales.

- Identificar cómo se realiza una planificación eficiente y una ejecución de vuelos de drones, utilizando herramientas como *Site Scan.*

1. Manejo de imágenes y obtención de las mismas

El manejo eficiente de imágenes y la comprensión de sus fuentes son fundamentales en la supervisión agrícola moderna.

Las imágenes aéreas, obtenidas a través de drones y satélites, desempeñan un papel fundamental en la agricultura, ofreciendo desde la monitorización del terreno hasta la evaluación de la salud de los cultivos. Mientras ciertas tareas son exclusivas de drones o satélites, su combinación resulta en una solución más eficiente y rentable.

La teledetección en la agricultura comenzó con el uso de fotografías aéreas en los primeros años del siglo XX. Durante las Guerras Mundiales, la fotografía aérea se desarrolló principalmente para propósitos de reconocimiento militar, pero pronto encontró aplicaciones en la agricultura para mapear terrenos y evaluar cultivos.

Fig. 1. Este conocimiento nos permite no solo capturar y recolectar datos valiosos, sino también interpretarlos de manera que mejoren significativamente las prácticas agrícolas

Con el advenimiento de la era espacial en la década de 1960, los satélites comenzaron a desempeñar un papel clave en la teledetección. El lanzamiento de satélites como Landsat en 1972 marcó un hito, proporcionando datos consistentes y comparables a lo largo del tiempo sobre áreas extensas.

Desde entonces, la resolución y las capacidades de los satélites han mejorado enormemente. Los primeros satélites tenían resoluciones limitadas, mientras que los satélites modernos ofrecen imágenes detalladas y en múltiples bandas espectrales, lo que permite un análisis agrícola más preciso.

Inicialmente, las imágenes aéreas se utilizaban para la evaluación básica del terreno y la planificación del uso del suelo. Ahora, se emplean para una variedad de aplicaciones, como la detección temprana de enfermedades, la evaluación de la salud de los cultivos, y la gestión de recursos hídricos.

Truco

Las aplicaciones y ventajas principales en cada caso son:

- **Drones:**
  o Captura de imágenes detalladas a baja altura.
  o Aplicaciones específicas incluyen la identificación de plagas o enfermedades y la creación de mapas y modelos 3D interactivos.

- **Satélites:**
  o Ideales para cubrir grandes áreas y no afectados por condiciones climáticas adversas.
  o Usos incluyen la previsión meteorológica y el análisis de la salud de los cultivos.

Con la introducción de técnicas de inteligencia artificial (IA) y aprendizaje automático, el análisis de imágenes se ha vuelto más sofisticado. Esto ha permitido identificar patrones complejos y realizar predicciones precisas sobre rendimientos de cultivos y detección de enfermedades.

Fig. 2. La evolución de estas tecnologías está conduciendo hacia una agricultura más sostenible y eficiente, donde los recursos se utilizan de manera más efectiva y se minimiza el impacto ambiental

La imagenología aérea ha sido un pilar en el desarrollo de la agricultura de precisión, permitiendo a los agricultores optimizar sus prácticas de cultivo basadas en datos detallados y actualizados sobre sus campos.

Algunos avances tecnológicos en cámaras y sensores usados en drones y satélites son:

- **Mejora en la tecnología de cámaras:** Las cámaras han evolucionado de dispositivos analógicos a digitales de alta resolución. Las cámaras multiespectrales y térmicas ahora permiten analizar aspectos como la salud de los cultivos y la gestión del agua de manera más eficiente.
- **Desarrollo de sensores especializados:** Se han desarrollado sensores especializados como LiDAR y RADAR para aplicaciones agrícolas. Estos sensores proporcionan información detallada sobre la topografía del terreno y las características estructurales de los cultivos.
- **Integración con drones:** Los drones han revolucionado la teledetección al permitir una recopilación de datos más flexible y económica. Equipados con cámaras avanzadas y sensores, los drones ofrecen una visión detallada y a demanda de áreas específicas, complementando los datos satelitales.

El mercado de datos y servicios de observación de la Tierra se estima que crecerá significativamente, destacando la importancia de elegir entre imágenes de drones y satélites para decisiones agrícolas fundamentadas.

Algunas consideraciones clave sobre los drones y satélites son:

- **Autonomía:** Los drones requieren operadores; los satélites funcionan de manera autónoma una vez en órbita.
- **Accesibilidad:** Los drones son óptimos para áreas planas y accesibles; los satélites pueden cubrir cualquier lugar, incluyendo zonas remotas.
- **Escalabilidad:** Los satélites son más adecuados para monitorear grandes terrenos.
- **Restricciones legales:** Los drones están sujetos a más restricciones legales que los satélites.
- **Costos:** Las operaciones con drones incluyen el precio del equipo y los honorarios del operador, mientras que las imágenes de satélite suelen requerir solo una suscripción a software especializado.

La combinación efectiva de drones y satélites, junto con el procesamiento de datos avanzado, permite cubrir las limitaciones de cada tecnología, proporcionando una comprensión completa del estado de los cultivos y el terreno.

Fig. 3. Las imágenes de satélite, siendo todas digitales, permiten un análisis más detallado y una mejor escalabilidad en comparación con las fotografías aéreas tradicionales

Resumen

En la agricultura moderna, la integración de datos de drones y satélites se ha convertido en una práctica esencial, permitiendo a los agricultores gestionar sus operaciones de manera más eficaz y tomar decisiones basadas en una comprensión profunda de sus tierras y cultivos.

Ejemplo

A continuación, vemos algunos ejemplos específicos de casos prácticos vinculados al uso de drones y satélites en este ámbito:

- **Transición de drones a satélites:** Un cliente en EE.UU., dedicado al césped, comenzó con drones y luego cambió a satélites para un análisis más eficiente y frecuente, reduciendo el tiempo y los recursos necesarios.
- **Uso conjunto de drones y satélites:** Aero665, una empresa argentina, utiliza plataformas satelitales y drones para análisis detallados, aprovechando las imágenes de alta resolución de los drones para inspecciones específicas.
- **Satélites para operar drones:** En Chile, una empresa utiliza drones DJI Phantom 4, que se benefician de datos satelitales para mejorar la precisión de posicionamiento, demostrando la sinergia entre ambas tecnologías.

1.1. Imágenes y fuentes de datos

Las imágenes en el contexto de la supervisión agrícola se obtienen principalmente de dos fuentes: satélites y drones. Cada una de estas fuentes proporciona una perspectiva única y valiosa. Las imágenes satelitales, por ejemplo, ofrecen una visión amplia y continua del terreno, lo que es esencial para la monitorización a largo plazo y la evaluación de grandes áreas de cultivo.

Además, muchas de estas imágenes están disponibles de forma gratuita, permitiendo a los agricultores y científicos acceder a datos valiosos sin incurrir en costos adicionales.

 **Importante**

Estas imágenes son especialmente útiles para detectar patrones a gran escala, como cambios estacionales o tendencias a largo plazo en la salud de los cultivos.

Fig. 4. Los drones son particularmente útiles para identificar problemas específicos en el terreno, como infestaciones de plagas, áreas de riego insuficiente o enfermedades de los cultivos

Por otro lado, los drones proporcionan una vista más detallada y pueden ser dirigidos a áreas específicas para una inspección más cercana.

Los drones también son una herramienta invaluable para la toma de decisiones en tiempo real, ya que pueden desplegarse rápidamente y proporcionar datos actualizados.

La obtención de estas imágenes implica varios pasos críticos: primero, es esencial seleccionar la fuente de imagen adecuada según la necesidad específica.

Fig. 5. Estas habilidades son fundamentales para convertir las imágenes en datos accionables que pueden ser utilizados para tomar decisiones informadas en la agricultura

Para imágenes satelitales, la selección de satélites específicos como Sentinel-2 proporciona imágenes en varios espectros, útiles para analizar diferentes aspectos de los cultivos y el suelo.

En cuanto a las imágenes obtenidas por drones, el proceso comienza con la planificación de un vuelo. Este paso es fundamental para garantizar que las imágenes capturadas sean de alta calidad y relevantes para los objetivos del análisis. La planificación del vuelo implica determinar la ruta del dron, la altitud, la velocidad y el tiempo, factores que deben ajustarse según las características del terreno y los objetivos específicos de la supervisión.

 **Truco**

La descarga de estas imágenes suele realizarse a través de plataformas dedicadas, muchas de las cuales ofrecen interfaces de usuario amigables y opciones de filtrado para seleccionar imágenes por fecha, resolución y otros criterios relevantes.

Una vez obtenidas las imágenes, el siguiente paso es su manejo y procesamiento. Aquí es donde entran en juego herramientas como ArcGIS Pro, que permite a los usuarios analizar y manipular imágenes para extraer información valiosa. El procesamiento de imágenes puede incluir la corrección de colores, la alineación de imágenes para crear mapas compuestos, y el análisis espectral para identificar características específicas de los cultivos o del suelo. El proceso de obtención y manejo de imágenes en la supervisión agrícola se divide en pasos claros y concisos.

- **Selección de la fuente de imagen:**
  - **Imágenes satelitales:**
    - Identificar la necesidad específica (análisis de cobertura de cultivos, evaluación de la salud del suelo).
    - Seleccionar el satélite adecuado (como Sentinel-2) basado en las características de sus imágenes (espectros múltiples, resolución, etc.).
  - **Imágenes de drones:**
    - Determinar si se requiere un detalle más preciso o una inspección focalizada.
    - Decidir el uso de drones para obtener vistas detalladas y específicas.

A continuación, puedes informarte de los siguientes pasos para obtención y manejo de imágenes:

- **Descarga de imágenes satelitales:**
  - Utilizar plataformas dedicadas para la descarga.
  - Filtrar y seleccionar imágenes por fecha, resolución y otros criterios relevantes.

o Asegurarse de que las imágenes descargadas sean pertinentes a los objetivos del estudio.

- **Planificación del vuelo de drones:**
  o Determinar la ruta del dron.
  o Ajustar la altitud y la velocidad del vuelo según las características del terreno.
  o Fijar la duración del vuelo para cubrir áreas específicas.
  o Asegurar que la planificación esté alineada con los objetivos de supervisión.

- **Manejo y procesamiento de imágenes:**
  o Utilizar herramientas especializadas como ArcGIS Pro.
  o Realizar correcciones de color y alinear imágenes para crear mapas compuestos.
  o Aplicar análisis espectral para identificar características específicas (salud de los cultivos, condiciones del suelo, etc.).
  o Convertir imágenes en datos accionables para la toma de decisiones en la agricultura.

Ejemplo

En un proyecto innovador liderado por ITESO-Universidad Jesuita de Guadalajara, en colaboración con DEMOLA y empresas locales, se exploró el uso de drones en la agricultura, específicamente en invernaderos o macro túneles. El resultado fue el desarrollo de un dron terrestre, equipado con cámaras y sensores similares a los drones aéreos, pero diseñado para operar eficientemente en invernaderos. Este dron es capaz de monitorear la salud de los cultivos, medir parámetros como temperatura, humedad y radiación, y detectar anomalías en las plantas.

Los resultados de este proyecto sugieren un aumento significativo en la producción agrícola, y demuestran la viabilidad de usar drones como una herramienta complementaria en la agricultura, sin reemplazar la mano de obra humana. Este enfoque innovador subraya la importancia de la colaboración entre universidades y empresas para el desarrollo tecnológico y su aplicación práctica en campos como la agricultura.

El manejo y la obtención de imágenes son habilidades críticas en la supervisión agrícola moderna.

Por último, la implementación de drones y satélites en la supervisión agrícola plantea diversas consideraciones éticas y legales que son fundamentales para garantizar un uso responsable y justo de estas tecnologías.

Fig. 6. Al comprender las diferentes fuentes de imágenes, cómo se obtienen y procesan, los profesionales del campo pueden aprovechar al máximo la tecnología disponible para mejorar la eficiencia y sostenibilidad de las prácticas agrícolas

Algunas consideraciones éticas en la recopilación de datos agrícolas son las siguientes:

A. Respeto a la privacidad

El respeto a la privacidad en la recopilación de datos agrícolas mediante tecnologías como drones y satélites es un aspecto crucial que requiere una atención meticulosa. Aunque el propósito principal de estos dispositivos es monitorear y mejorar la eficiencia de los cultivos, existe una delgada línea entre la recopilación de datos útiles y la invasión de la privacidad personal. Es imperativo que los operadores de estos dispositivos estén rigurosamente entrenados y conscientes de las limitaciones éticas de su uso.

Fig. 7. Es esencial establecer límites claros sobre qué se puede filmar y cómo se manejan esos datos para proteger la privacidad de las personas

Deben evitarse las zonas residenciales y otros espacios privados, a menos que se cuente con un permiso explícito de los propietarios. Además, la información capturada debe ser tratada con la máxima confidencialidad, implementando protocolos de cifrado y almacenamiento seguro para garantizar que no se haga un uso indebido de los datos personales. Este respeto por la privacidad no solo es una cuestión de ética, sino también un aspecto crucial para mantener la confianza y la cooperación de las comunidades locales, que son esenciales para el éxito a largo plazo de las iniciativas agrícolas modernas.

B. Transparencia y consentimiento

La transparencia y el consentimiento en la recopilación de datos agrícolas son fundamentales para mantener una relación ética y de confianza entre los recolectores de datos y las comunidades afectadas. Al implementar tecnologías como drones y satélites en la agricultura, es esencial que todas las partes involucradas, especialmente los agricultores y las comunidades locales, estén plenamente informadas sobre los detalles de la recopilación de datos. Esto incluye explicar claramente el propósito, el alcance, y el uso previsto de los datos recogidos, así como los beneficios potenciales que estos pueden aportar a las prácticas agrícolas y al bienestar de la comunidad.

Obtener un consentimiento informado no es solo una cuestión de cumplimiento legal, sino también un acto de respeto hacia la autonomía y los derechos de los individuos y las comunidades. Este consentimiento debe ser un proceso continuo y adaptable, permitiendo a los participantes la opción de retirarlo en cualquier momento. Es especialmente crítico en el caso de pequeños agricultores y comunidades indígenas, cuyas prácticas y tierras pueden ser particularmente vulnerables a las intervenciones externas.

Al asegurar la transparencia y el consentimiento, no solo se protegen los derechos de las personas, sino que también se fomenta una colaboración más fuerte y sostenible. Este enfoque ético puede llevar a una mayor aceptación y cooperación de las comunidades, lo que a su vez mejora la calidad y la eficacia de los datos recogidos, beneficiando tanto a los agricultores como a los objetivos de investigación y desarrollo a largo plazo.

C. Uso ético de los datos

El uso ético de los datos en la recopilación agrícola a través de tecnologías avanzadas como drones y satélites es un pilar fundamental para garantizar que las prácticas de monitoreo y análisis respeten los derechos y el bienestar de las comunidades involucradas. La ética en el manejo de los datos se centra en asegurar que la información recopilada se utilice exclusivamente para los fines previamente declarados, como la mejora de las técnicas agrícolas, el estudio del impacto ambiental, o la optimización de recursos hídricos y suelos.

Una gestión ética implica una responsabilidad inquebrantable para evitar el uso de estos datos en actividades que puedan perjudicar a las comunidades locales, como la especulación de tierras, el desplazamiento forzado de poblaciones, o el aprovechamiento inapropiado de recursos naturales. Esto requiere una supervisión constante y políticas claras que restrinjan el uso de los datos a propósitos beneficiosos y consensuados.

Fig. 8. Es fundamental implementar medidas de seguridad y protocolos de confidencialidad para proteger estos datos contra el acceso no autorizado o el uso indebido

Además, es crucial considerar la sensibilidad de los datos recogidos. En muchos casos, esta información puede revelar detalles sobre prácticas agrícolas específicas, condiciones económicas, o incluso aspectos culturales de las comunidades.

Finalmente, el uso ético de los datos también implica revisar y adaptar continuamente las estrategias de recolección y análisis a las cambiantes normativas legales, avances tecnológicos y necesidades de las comunidades. Esto garantiza que el uso de la tecnología en la agricultura no solo sea avanzado desde el punto de vista técnico, sino también respetuoso y beneficioso para todos los implicados.

D. Impacto ambiental

El impacto ambiental de la utilización de drones y satélites en la agricultura es un aspecto crucial que debe ser evaluado y gestionado cuidadosamente para garantizar que la adopción de estas tecnologías sea sostenible y responsable. Aunque los drones y satélites ofrecen beneficios significativos en términos de monitoreo eficiente y mejora de las prácticas agrícolas, su producción, operación y desecho conllevan ciertas preocupaciones ambientales.

En primer lugar, la fabricación de drones y satélites implica el uso de recursos materiales y energía, lo cual tiene una huella de carbono asociada. Es importante que los fabricantes busquen continuamente formas de reducir esta huella, por ejemplo, a través del uso de materiales reciclados o reciclables y la optimización de los procesos de fabricación para ser más eficientes energéticamente.

La operación de los drones, en particular, puede tener un impacto ambiental directo. Aunque generalmente son menos invasivos que otros métodos de monitoreo, los drones aún requieren energía para funcionar, lo que plantea la cuestión de cómo se genera esta energía.

Fig. 9. El uso de baterías recargables y la exploración de fuentes de energía renovables para su carga son pasos importantes para minimizar el impacto ambiental

Además, la disposición de drones y satélites al final de su vida útil presenta otro desafío ambiental. Es esencial desarrollar estrategias de reciclaje y desecho responsable para evitar la acumulación de residuos electrónicos, que pueden ser dañinos para el medio ambiente.

Por último, aunque el uso de estas tecnologías contribuye a la agricultura sostenible al permitir un mejor uso de los recursos naturales y la reducción del impacto de las prácticas agrícolas en el medio ambiente, es vital mantener un enfoque equilibrado. Esto significa considerar no solo los beneficios directos para la agricultura, sino también el ciclo de vida completo de los dispositivos utilizados, para asegurar una verdadera sostenibilidad en el uso de tecnologías avanzadas en la agricultura.
M

Fig. 10. Es importante considerar la huella de carbono asociada con la fabricación, operación y desecho de los drones

Por su parte, con respecto a la legislación vigente sobre el uso de drones y satélites en la agricultura, se deben considerar las siguientes:

A. Regulaciones de vuelo de drones

Las regulaciones de vuelo de drones son fundamentales para garantizar la seguridad aérea y terrestre, así como para proteger la privacidad y los derechos de las personas.

Estas normativas varían significativamente entre diferentes países, adaptándose a sus respectivos espacios aéreos, necesidades y desafíos específicos.

Fig. 11. Los operadores de drones son especialistas capacitados en la navegación y manejo de drones

En primer lugar, una regulación común en muchos países es la restricción de la altura de vuelo de los drones. Esta medida busca evitar la interferencia con el tráfico aéreo comercial y militar.

Además, en muchas regiones, los drones están prohibidos o restringidos en ciertas zonas, como cerca de aeropuertos, instalaciones gubernamentales, o áreas urbanas densamente pobladas, para minimizar riesgos de colisiones y problemas de privacidad.

Otro aspecto importante es el requisito de licencias o permisos para los operadores de drones. Esto asegura que quienes manejan estos dispositivos posean el conocimiento y la capacitación necesarios para operarlos de manera segura y responsable. Además, en algunos casos, se exige a los operadores de drones tener un seguro de responsabilidad civil para cubrir posibles daños causados durante su vuelo.

En el caso particular de España, las regulaciones de drones son administradas por la Agencia Estatal de Seguridad Aérea (AESA). En España, los drones están sujetos a normas que incluyen restricciones en zonas urbanas y cerca de aeropuertos. Los pilotos de drones en España deben seguir las normas de operación segura y, en algunos casos, pueden requerir una licencia o autorización específica, especialmente para vuelos que no se consideran recreativos o que involucran drones de mayor tamaño. Además, la AESA establece directrices claras sobre la privacidad, insistiendo en que no se violen las leyes de protección de datos personales durante el uso de drones, lo cual es crucial en el contexto de la recopilación de datos agrícolas.

B. Protección de datos y seguridad

La protección de datos y la seguridad son aspectos esenciales en la utilización de drones y satélites para la recopilación de datos agrícolas. Estas preocupaciones abordan tanto la integridad de los datos recopilados como la privacidad y los derechos de las personas y comunidades afectadas.

Fig. 12. La seguridad cibernética juega un papel clave ya que la información agrícola puede ser sensible y valiosa

En muchos países, las leyes de protección de datos personales se aplican también a la información recopilada por drones y satélites. Esto significa que cualquier dato que pueda identificar a individuos, como imágenes de propiedades privadas o características personales, debe ser manejado con extremo cuidado. Es esencial asegurarse de que estos datos se recolecten, almacenen, y procesen cumpliendo con las normativas locales e internacionales sobre privacidad y protección de datos.

Los datos recopilados deben almacenarse y gestionarse de manera segura para prevenir accesos no autorizados o filtraciones. Esto implica el uso de sistemas de cifrado robustos, autenticación segura y protocolos de seguridad para proteger los datos tanto durante su transmisión como en su almacenamiento.

Fig. 13. La protección de datos incluye su gestión segura y la protección contra el acceso no autorizado

Además de proteger los datos en sí, también es vital garantizar que se obtenga el consentimiento adecuado para su uso. Los agricultores y las comunidades deben estar informados sobre cómo se utilizarán sus datos, y su consentimiento debe ser obtenido de manera clara y transparente.

Dada la naturaleza potencialmente sensible de los datos recopilados, las organizaciones que utilizan drones y satélites para la recopilación de datos deben tener planes de respuesta ante incidentes de seguridad. Esto incluye procedimientos para responder a violaciones de datos y mecanismos para informar a las partes afectadas en caso de que su información se vea comprometida.

C. Uso de drones en propiedad privada

El uso de drones en propiedad privada plantea importantes consideraciones legales y éticas, especialmente en el contexto de la recopilación de datos agrícolas. Estas consideraciones están orientadas a respetar la privacidad y los derechos de propiedad, así como a garantizar la seguridad y el cumplimiento normativo.

En primer lugar, el sobrevuelo de drones sobre propiedades privadas puede estar sujeto a restricciones legales dependiendo de la legislación local o nacional. En muchos países, los propietarios de terrenos tienen derechos sobre un cierto espacio aéreo por encima de sus propiedades. Esto significa que el vuelo de drones en estas áreas puede requerir permisos específicos de los propietarios o estar regulado por leyes que determinan la altura mínima de vuelo para no infringir los derechos de propiedad.

Fig. 14. El uso de drones para capturar imágenes o recopilar datos en propiedades privadas debe considerar la privacidad de las personas

Incluso en contextos agrícolas, donde el objetivo puede ser monitorear cultivos o realizar mapeo topográfico, es fundamental asegurarse de que no se recolecten datos personales sin consentimiento. Esto incluye no solo imágenes de personas, sino también cualquier dato que pueda identificar a los propietarios o revelar detalles privados sobre sus propiedades.

Otra cuestión relevante es la responsabilidad legal por daños. Si un dron causa daños durante su operación sobre una propiedad privada, ya sea por accidente o malfuncionamiento, el operador del dron puede ser responsable. Esto subraya la importancia de contar con seguros adecuados y seguir prácticas de vuelo seguras para minimizar los riesgos.

D. Regulaciones internacionales para satélites

Las regulaciones internacionales para satélites juegan un papel crucial en la gestión y el uso de estas tecnologías, especialmente en el contexto de la recopilación de datos agrícolas. Estas regulaciones abordan desde la operación de los satélites hasta la utilización de las imágenes y datos que proporcionan, asegurando su uso responsable y ético.

Los tratados y acuerdos internacionales, como el Tratado del Espacio Exterior de las Naciones Unidas, establecen principios fundamentales para la exploración y uso del espacio exterior. Estos incluyen la prohibición de colocar armas de destrucción masiva en el espacio, la responsabilidad de los Estados por los daños causados por sus satélites, y la idea de que el espacio exterior es un patrimonio común de la humanidad. Los países deben adherirse a estos principios al lanzar y operar satélites.

Las imágenes capturadas por satélites pueden ser reguladas bajo tratados internacionales y leyes nacionales. Aunque las imágenes satelitales son valiosas para monitorear patrones climáticos, uso del suelo, y otros aspectos relevantes para la agricultura, su uso también debe respetar la privacidad y soberanía de los países y comunidades.

Fig. 15. En algunos casos, puede haber restricciones sobre la distribución o el nivel de detalle de las imágenes disponibles

El uso de satélites en la agricultura a menudo implica una cooperación internacional, ya que los satélites pueden recoger datos de múltiples países. Esto requiere acuerdos y protocolos para compartir datos de manera equitativa y ética, respetando las leyes y regulaciones de cada país involucrado.

Dado que los satélites pueden recopilar grandes volúmenes de datos sensibles, las regulaciones internacionales también abordan aspectos de seguridad y protección de datos. Esto incluye garantizar que los datos recopilados se utilicen de manera que respete la privacidad y los derechos de las personas y no comprometa la seguridad nacional de los países.

Por último, debemos considerar la privacidad y la protección de datos en la imagenología agrícola.

A. Anonimización de datos

La anonimización de datos es un proceso clave en la gestión ética de la información recopilada mediante tecnologías como drones y satélites, especialmente en el ámbito de la agricultura. Este proceso implica modificar los datos recogidos para eliminar o alterar cualquier información que pueda identificar directa o indirectamente a individuos o propiedades privadas.

La anonimización es crucial para proteger la privacidad de las personas. En el contexto agrícola, aunque el enfoque principal pueda ser el monitoreo de cultivos o la evaluación del uso del suelo, los datos recopilados pueden incluir accidentalmente imágenes o información sobre residentes locales, sus viviendas u otras propiedades privadas. Anonimizar estos datos asegura que no se violen las leyes de privacidad y protección de datos personales.

Existen varias técnicas para anonimizar datos, que incluyen la eliminación de identificadores directos (como nombres o direcciones), la alteración de detalles (por ejemplo, desenfocar imágenes), o la agregación de datos (donde la información se resume en grupos, evitando la identificación individual). La elección del método depende del tipo de datos y del nivel de anonimato requerido.

Fig. 16. Con el avance de las tecnologías de análisis de datos, se ha vuelto más difícil garantizar que los datos anonimizados no puedan ser reidentificados

Aunque la anonimización es una herramienta poderosa para proteger la privacidad, también presenta desafíos. Uno de ellos es el equilibrio entre la utilidad de los datos y el grado de anonimización; una anonimización excesiva puede reducir el valor de los datos.

La anonimización debe realizarse en conformidad con las leyes y normativas locales e internacionales de protección de datos. Esto es especialmente relevante en la Unión Europea con el Reglamento General de Protección de Datos (GDPR), que establece directrices estrictas sobre cómo deben ser tratados los datos personales.

B. Políticas de almacenamiento y acceso

Las políticas de almacenamiento y acceso a los datos son fundamentales en la gestión de la información recopilada mediante drones y satélites, especialmente en aplicaciones como la agricultura. Estas políticas abordan cómo se almacenan, protegen y acceden los datos, asegurando su uso correcto y previniendo su uso indebido.

Es necesario emplear infraestructuras de almacenamiento que garanticen la integridad y la seguridad de la información, utilizando técnicas como el cifrado y los sistemas de gestión de bases de datos seguras. Además, es importante tener en cuenta la duración del almacenamiento, asegurando que los datos no se guarden más tiempo del necesario y se eliminen de forma segura cuando ya no sean requeridos.

Fig. 17. El almacenamiento de datos recopilados debe ser seguro y cumplir con las normativas de protección de datos

Debe haber políticas estrictas sobre quién puede acceder a los datos y bajo qué condiciones. Esto incluye establecer niveles de autorización y asegurar que solo el personal autorizado y con la formación adecuada pueda acceder a la información. El control de acceso ayuda a prevenir el acceso no autorizado, la manipulación o la divulgación de los datos.

Es vital llevar un registro detallado de quién accede a los datos y qué acciones se realizan con ellos. Esto no solo ayuda en la detección y prevención de actividades no autorizadas o sospechosas, sino que también es importante para cumplir con las regulaciones de protección de datos y para la transparencia operativa.

Las políticas deben definir claramente cómo se pueden usar y compartir los datos. Esto es esencial para garantizar que los datos se utilicen de manera ética y para los fines previstos. En el caso de compartir datos con terceros, es necesario establecer acuerdos o convenios que especifiquen las condiciones y limitaciones de este uso.

C. Protocolos de seguridad

Los protocolos de seguridad en la recopilación y manejo de datos agrícolas mediante el uso de drones y satélites son esenciales para asegurar la protección efectiva de los datos contra amenazas como hackeos o filtraciones. Estos protocolos abarcan una variedad de medidas y prácticas diseñadas para salvaguardar la información recopilada desde su captura hasta su análisis y almacenamiento.

Una de las medidas de seguridad más importantes es el cifrado de datos. Esto implica convertir la información recogida en un formato que solo puede ser leído o procesado por personas o sistemas con las claves de descifrado adecuadas.

Fig. 18. Es recomendable mantener copias de seguridad de los datos en ubicaciones seguras y tener planes de recuperación ante desastres

El cifrado es crucial tanto durante la transmisión de datos desde los drones o satélites hasta las estaciones de recepción, como en su almacenamiento, ya sea en servidores locales o en la nube.

Los protocolos de seguridad deben incluir sistemas robustos de autenticación y control de acceso. Esto asegura que solo el personal autorizado tenga acceso a los datos y sistemas de manejo de datos. La autenticación puede incluir medidas como contraseñas, autenticación de dos factores, o reconocimiento biométrico, entre otros.

Es vital tener sistemas de monitoreo en tiempo real que puedan detectar y alertar sobre actividades sospechosas o intentos de intrusión. Esto permite una respuesta rápida a posibles amenazas de seguridad, minimizando el riesgo de daños o pérdida de datos.

Los protocolos de seguridad también deben incluir estrategias de respaldo y recuperación para garantizar que, en caso de un incidente de seguridad o fallo técnico, los datos puedan ser recuperados.

La formación y concienciación del personal es igualmente importante. La formación y concienciación del personal es igualmente importante. Todo el personal involucrado en la operación de drones y el manejo de datos debe recibir formación regular sobre las mejores prácticas de seguridad. La concienciación sobre los riesgos y las medidas de seguridad es crucial para prevenir brechas de seguridad causadas por errores humanos.

D. Consentimiento informado para el uso de datos

El consentimiento informado para el uso de datos es un aspecto crítico en la recopilación y manejo de información agrícola mediante tecnologías como drones y satélites. Este concepto se centra en asegurar que los individuos y comunidades cuyos datos son recopilados estén plenamente informados sobre cómo y por qué se están recogiendo sus datos, y que otorguen su aprobación de manera consciente y voluntaria.

El primer paso hacia un consentimiento informado es garantizar la transparencia en todo el proceso de recopilación de datos. Esto implica informar a los afectados sobre el tipo de datos que se recogerán, los métodos de recopilación, y los objetivos específicos para los que se utilizarán los datos. Es esencial que esta información se presente de manera clara y comprensible, evitando jerga técnica que pueda confundir o engañar.

Además de explicar cómo se recopilarán y utilizarán los datos, es importante informar a las personas sobre los posibles beneficios y riesgos asociados con la recopilación de sus datos. Esto incluye no solo los beneficios para la investigación o las mejoras agrícolas, sino también cualquier impacto potencial en su privacidad o propiedad.

Fig. 19. El consentimiento debe ser obtenido de una manera que respete la autonomía de los individuos y comunidades

El consentimiento debe ser voluntario, sin presiones o coacciones, y debe ser posible retirarlo en cualquier momento. En algunos casos, especialmente en comunidades vulnerables o en el caso de pequeños agricultores, puede ser necesario un esfuerzo adicional para asegurar que el consentimiento se base en una comprensión completa de la situación.

Es crucial documentar el proceso de consentimiento y mantener un registro de los consentimientos otorgados. Esto sirve como prueba de que se ha cumplido con las obligaciones éticas y legales, y proporciona una base clara para cualquier uso futuro de los datos.

El consentimiento informado no es un proceso estático; debe revisarse y adaptarse según cambien los proyectos, las tecnologías o las circunstancias. Esto asegura que el consentimiento sigue siendo relevante y válido a lo largo del tiempo.

Recuerda

En conclusión, la supervisión agrícola mediante drones y satélites, aunque ofrece beneficios significativos, requiere una cuidadosa consideración de las implicaciones éticas y legales. El respeto por la privacidad, la protección de datos, y el cumplimiento de la legislación vigente son fundamentales para asegurar un uso ético y legal de estas tecnologías avanzadas.

1.2. Caso de uso: descarga de imágenes gratuitas

En el ámbito de la supervisión agrícola, el acceso a imágenes satelitales gratuitas ha revolucionado la manera en que los agricultores y los científicos observan y gestionan los cultivos. Este apartado se centra en el caso práctico de la descarga de estas imágenes, destacando su relevancia, accesibilidad y métodos de obtención.

Las imágenes satelitales gratuitas son una herramienta invaluable en la agricultura moderna. Proporcionan información fundamental sobre variados aspectos del terreno y los cultivos, como los patrones de vegetación, la humedad del suelo, y la salud general de las áreas de cultivo.

 Importante

Estas imágenes, disponibles sin costo, hacen posible que incluso pequeños productores agrícolas accedan a datos satelitales avanzados que antes estaban reservados para grandes corporaciones o instituciones gubernamentales.

Existen varias plataformas donde se pueden descargar imágenes satelitales gratuitas. Estas incluyen:

- **NASA Earthdata:** Una plataforma que ofrece acceso a una amplia gama de datos ambientales, incluyendo imágenes de satélites de la NASA.

  Earthdata también proporciona herramientas y servicios para buscar, descargar y visualizar múltiples conjuntos de datos relacionados con la Tierra.

- **USGS Earth Explorer:** Proporciona un extenso catálogo de imágenes de satélite, incluyendo datos de Landsat, que es particularmente útil para la observación de la tierra.

  Esta plataforma no solo brinda un extenso catálogo de imágenes de satélite, incluyendo datos de Landsat, sino que también facilita el acceso a otros datos importantes como mapas topográficos, datos de elevación y varias colecciones de imágenes históricas

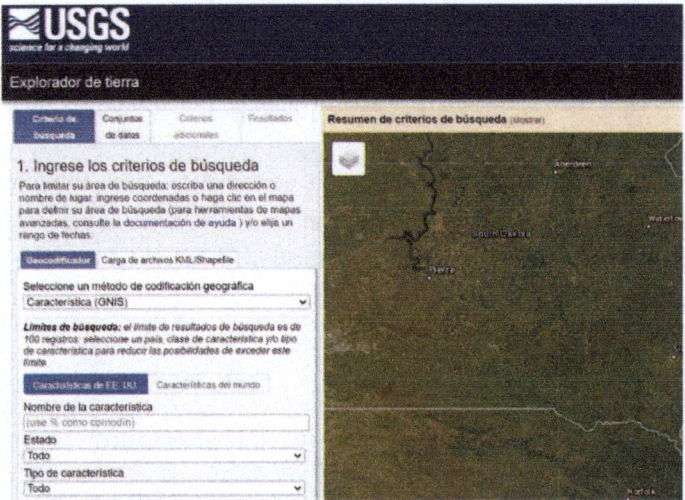

Fig. 20. Menú de búsqueda de USGS Earth Explorer

- **Sentinel Hub:** Ofrece acceso a las imágenes del programa Copernicus de la Unión Europea, incluyendo los satélites Sentinel.

  Esta plataforma facilita la manipulación de archivos de imágenes satelitales y su integración en aplicaciones y servicios a través de interfaces web fáciles de integrar.

El proceso de descarga generalmente implica los siguientes pasos:

- **Registro y acceso a la plataforma:** Muchas plataformas requieren la creación de una cuenta gratuita para acceder a los datos.
- **Búsqueda de imágenes:** Utilizando herramientas de búsqueda en la plataforma, se pueden filtrar imágenes por ubicación, fecha, tipo de datos (como infrarrojo o visual), y resolución.
- **Selección de imágenes:** Después de realizar la búsqueda, se seleccionan las imágenes que mejor se ajusten a los requisitos del usuario.

- **Descarga de datos:** Una vez seleccionadas, las imágenes pueden ser descargadas directamente a la computadora del usuario.

Las imágenes satelitales gratuitas tienen múltiples aplicaciones en el campo de la agricultura, tales como:

- **Monitoreo de la salud de los cultivos:** Identificar áreas de estrés en los cultivos debido a la falta de agua, nutrientes o enfermedades.
- **Gestión de recursos hídricos:** Evaluar la eficiencia del riego y la gestión del agua en las granjas.
- **Planificación de la siembra:** Analizar las condiciones del suelo y la topografía para optimizar la siembra.

Earthdata Search de NASA es una plataforma robusta que permite a los usuarios descargar datos satelitales de forma gratuita, incluyendo imágenes granulares detalladas.

Este caso de uso se enfoca en el proceso específico para descargar imágenes desde esta plataforma:

- **Inicio de sesión:** Los usuarios deben estar registrados y haber iniciado sesión para descargar datos.

- **Selección de colección y gránulos:**
  - Seleccionar una colección para ver los gránulos disponibles.
  - Ordenar, buscar y/o filtrar los gránulos según sea necesario.

- **Descarga de gránulos individuales:**
  - Hacer clic en el botón de descarga de datos de un solo granulo para el granulo de interés.
  - Repetir este paso para cada granulo de interés.

- **Adición de gránulos para descarga:**
  - Hacer clic en el botón 'agregar granulo' para los gránulos de interés.

- o Se mostrará el número de gránulos agregados en el botón de descarga y junto al número total de gránulos en la colección.

- **Descarga directa:**
  - o Hacer clic en una colección para ver los gránulos.
  - o Alternativamente, agregar toda la colección al proyecto actual para incluir todos los gránulos que coincidan con las restricciones espaciales y temporales.
  - o Hacer clic en 'descargar todo' para agregar todos los gránulos coincidentes al proyecto.
  - o Filtrar los gránulos según sea necesario y agregar al proyecto.
  - o Repetir estos pasos según sea necesario para agregar colecciones y/o gránulos adicionales al proyecto.
  - o Hacer clic en 'mi proyecto' para ver las opciones de descarga.
  - o Seleccionar 'descarga directa' y luego hacer clic en 'DESCARGAR DATOS'.
  - o Aparecerá la página 'estado del pedido'. Hacer clic en 'ver/descargar enlaces de datos' o 'descargar script de acceso' para descargar los datos.

 Vocabulario

En el contexto de los datos satelitales y la teledetección, un **'gránulo'** se refiere a una porción o segmento específico de datos recolectados por un satélite. Cada granulo representa una imagen o un conjunto de datos obtenidos durante un único pase del satélite sobre una región específica de la Tierra en un momento determinado.

Estos gránulos se utilizan para gestionar y distribuir datos satelitales de manera más eficiente, permitiendo a los usuarios descargar y analizar solo las secciones del conjunto de datos que son relevantes para sus necesidades específicas, como una determinada área geográfica o un período de tiempo concreto.

Fig. 21. Esta accesibilidad a datos satelitales de alta calidad y sin costo permite a los agricultores y científicos realizar análisis detallados y tomar decisiones informadas basadas en datos actuales y precisos

Las imágenes descargadas a través de *Earthdata Search* pueden utilizarse para una variedad de aplicaciones en agricultura, incluyendo el monitoreo de la salud de los cultivos, la gestión de recursos hídricos y la planificación de la siembra.

Este caso de uso no solo destaca la accesibilidad y utilidad de las imágenes satelitales gratuitas en la agricultura moderna, sino que también subraya la importancia de estas herramientas en la toma de decisiones informadas para mejorar las prácticas agrícolas. La disponibilidad de estos datos democratiza la información, permitiendo a agricultores de todo tamaño aprovechar las ventajas de la tecnología satelital.

2. Conocimiento de los diferentes tipos de imágenes

En la supervisión agrícola utilizando imágenes y drones, es imprescindible comprender los diferentes tipos de imágenes disponibles y cómo cada una puede ser utilizada para diversos propósitos.

Esta sección aborda los tipos principales de imágenes y sus aplicaciones específicas en la agricultura. Estas son:

- **Imágenes visuales:**
  - o Son las más comunes y se asemejan a fotografías convencionales.
  - o Útiles para observar condiciones físicas obvias, como el estado de los cultivos o la presencia de agua.

- **Imágenes multiespectrales:**
  - o Capturan datos en múltiples bandas espectrales, incluyendo, pero no limitándose a, el espectro visible.
  - o Permiten analizar aspectos que no son visibles a simple vista, como la salud de la vegetación y el contenido de humedad del suelo.

- **Imágenes hiperespectrales:**
  - o Similar a las multiespectrales, pero capturan datos en una cantidad mucho mayor de bandas espectrales.
  - o Proporcionan una comprensión más detallada y precisa de la composición química y física de los cultivos y el suelo.

- **Imágenes térmicas:**
  - o Miden la temperatura de la superficie y son imprescindibles para detectar el estrés hídrico en los cultivos.
  - o Ayudan en la gestión eficiente del agua y la identificación temprana de problemas en los cultivos.

- **Imágenes de radar (SAR):**
  - o Utilizan ondas de radar para obtener imágenes, lo que permite obtener datos independientemente de las condiciones de luz o del clima.
  - o Son útiles para el seguimiento de la humedad del suelo y para la agricultura en regiones con nubosidad frecuente.

Fig. 22. Cada tipo de imagen ofrece una perspectiva única y valiosa para la supervisión agrícola

Otras imágenes son:

- **Imágenes de Índice de Área Foliar (LAI):** Estas imágenes se especializan en medir la densidad de las hojas en los cultivos. Son cruciales para entender la fotosíntesis, la absorción de agua y el uso de nutrientes, lo que a su vez influye en las decisiones sobre fertilización y manejo de plagas.

- **Imágenes espectrales de estrés vegetativo:** Estas imágenes detectan cambios sutiles en la reflectividad de las plantas que pueden indicar estrés antes de que sea visible a simple vista. Son valiosas para la intervención temprana en caso de enfermedades o deficiencias nutricionales.

- **Imágenes de fluorescencia de clorofila:** Capturan la luz emitida por la clorofila durante la fotosíntesis, proporcionando información sobre la eficiencia y la salud de este proceso en las plantas. Estas imágenes son útiles para monitorear la salud general de los cultivos y para optimizar las prácticas de manejo.

- **Imágenes de polarización:** Estas imágenes capturan la luz reflejada en diferentes ángulos, lo que puede ayudar a identificar texturas y estructuras de la superficie del terreno y los cultivos. Pueden ser utilizadas para mejorar la precisión en la identificación de tipos de cultivos y en la evaluación de condiciones como la compactación del suelo.

- **Imágenes Ultravioleta (UV):** Capturan la luz en el rango ultravioleta, que puede revelar información sobre la salud de las plantas y la presencia de ciertas enfermedades o plagas. Estas imágenes son especialmente útiles para la detección temprana de enfermedades fúngicas y bacterianas que afectan a los cultivos.

Las imágenes espectrales, captadas mediante sensores en drones o satélites, recogen datos en rangos específicos del espectro electromagnético.

Estas imágenes, ya sean hiperespectrales o multiespectrales, son fundamentales en la agricultura de precisión para procesar información detallada de la superficie terrestre.

Tipo de imagen	Características
Imágenes visuales	Asemejan a fotografías convencionales; útiles para observar condiciones físicas obvias.
Imágenes multiespectrales	Capturan datos en múltiples bandas espectrales; analizan salud de la vegetación y humedad del suelo.
Imágenes hiperespectrales	Mayor cantidad de bandas espectrales; detallan composición química y física de cultivos y suelo.
Imágenes térmicas	Miden temperatura de la superficie; detectan estrés hídrico y ayudan en gestión del agua.
Imágenes de Radar (SAR)	Usan ondas de radar; útiles para seguimiento de humedad del suelo y en regiones nubosas.
Imágenes de Índice de Área Foliar (LAI)	Especializadas en medir densidad de hojas; importantes para fotosíntesis y manejo de cultivos.
Imágenes espectrales de estrés vegetativo	Detectan cambios en reflectividad de plantas; valiosas para intervención temprana en enfermedades.
Imágenes de fluorescencia de clorofila	Capturan luz emitida por clorofila; proveen información sobre la eficiencia de la fotosíntesis.
Imágenes de polarización	Capturan luz reflejada en distintos ángulos; útiles para identificación de cultivos y condiciones del suelo.
Imágenes Ultravioleta (UV)	Capturan luz en el rango ultravioleta; revelan información sobre salud de plantas y presencia de enfermedades.

A continuación, vemos algunos de sus beneficios y ventajas de su uso en la agricultura:

- **Diagnóstico preciso:** Permiten detectar el estado de cultivos, presencia de plagas y enfermedades, así como la cantidad exacta y localización precisa para aplicar fertilizantes.
- **Eficiencia y ahorro:** Suponen la reducción en el uso de fertilizantes y recursos y la toma de decisiones oportuna para mejorar los sistemas de producción.
- **Planificación y control de cultivos:** Permiten identificar áreas problemáticas y optimizar la gestión de cultivos.
- **Seguridad:** Existe un menor riesgo humano al emplear estas tecnologías.
- **Sostenibilidad:** Se produce una reducción en la contaminación ambiental.
- **Ahorro de tiempo y precisión:** Favorecen una mayor rapidez y exactitud en la obtención de datos.

 **Importante**

La elección del tipo de imagen adecuado depende de los objetivos específicos del análisis, las condiciones del terreno, y la disponibilidad de recursos. Comprender las diferencias y aplicaciones de estos tipos de imágenes permite a los agricultores y científicos tomar decisiones más informadas y mejorar la gestión y la sostenibilidad de sus prácticas agrícolas.

Fig. 23. En el contexto de la supervisión agrícola, la resolución afecta la precisión con la que se pueden detectar y monitorear características específicas de los cultivos y el terreno

Por otro lado, debemos profundizar en aspectos técnicos de las imágenes, como la resolución, el rango dinámico y la calibración de sensores:

- **Resolución de imágenes:** La resolución de una imagen es una medida de la cantidad de detalles que la imagen puede capturar. Se expresa comúnmente en píxeles para imágenes digitales.

  Los tipos de resolución son los siguientes:
  - o **Resolución espacial**. Se refiere al tamaño del área en el terreno que representa un píxel individual en la imagen. Una resolución espacial más alta significa que un píxel cubre una menor área de terreno, permitiendo ver detalles más finos.
  - o **Resolución temporal**. Indica la frecuencia con la que se pueden obtener imágenes de la misma área. Es crucial en agricultura para monitorear cambios a lo largo del tiempo.
  - o **Resolución espectral**. Describe la capacidad del sensor para capturar diferentes longitudes de onda. En imágenes multiespectrales e hiperespectrales, una mayor resolución espectral permite distinguir mejor entre diferentes tipos de vegetación y condiciones del suelo.

- **Rango dinámico:** El rango dinámico de una cámara o sensor es su capacidad para capturar los extremos de luz y oscuridad en una imagen.

  En agricultura, un rango dinámico amplio permite capturar detalles en áreas con contrastes significativos de iluminación, como áreas bajo la sombra o con luz solar directa.

Fig. 24. Un rango dinámico alto es esencial para evaluar correctamente el vigor y la salud de los cultivos, especialmente en condiciones de iluminación variada

- **Calibración de sensores:**
  - La calibración de sensores es el proceso de asegurar que la salida del sensor sea precisa y confiable.
  - Incluye ajustes para factores como la deriva del sensor, la variabilidad ambiental, y la respuesta espectral.

- **Calibración regular:** La calibración regular garantiza la precisión en la detección de cambios sutiles en los cultivos, lo que es fundamental para la toma de decisiones basada en datos.

Recuerda

Comprender estos aspectos técnicos es vital para el uso eficaz de imágenes en la supervisión agrícola. Una resolución adecuada, un rango dinámico apropiado y una calibración precisa de los sensores son fundamentales para obtener datos precisos y útiles que pueden influir significativamente en la gestión y el rendimiento de los cultivos.

3. Procesamiento de imágenes

El procesamiento de imágenes es una fase crítica en la supervisión agrícola mediante el uso de tecnologías de teledetección y drones. Esta práctica implica la transformación y análisis de datos crudos obtenidos de imágenes satelitales o de drones para extraer información útil.

Fig. 26. El procesamiento eficiente de estas imágenes es fundamental para maximizar su utilidad en aplicaciones prácticas en el campo de la agricultura

El sector agrícola ha experimentado una transformación significativa con la incorporación de la tecnología de drones. Un estudio reciente ha desarrollado una metodología para la identificación precisa de malezas en cultivos de arroz utilizando imágenes capturadas por drones. Este avance resulta crucial, ya que aporta eficiencia y precisión a los procesos de erradicación de malezas, elementos esenciales para la agricultura moderna.

Se empleó un dron multirotor DJI Matrice 200 con cámaras especializadas, incluyendo una cámara RGB de alta resolución y una cámara multiespectral para captar rangos de longitud de onda no visibles al ojo humano.

Se generaron ortomosaicos a partir de las imágenes capturadas, integrando correcciones radiométricas y enfatizando las diferencias entre plantas y suelo para facilitar la identificación de malezas.

Se aplicaron técnicas de clasificación supervisada, como *Random forest,* para distinguir las malezas con una eficiencia cercana al 90%.

La implementación de estas tecnologías en la agricultura no solo mejora el tiempo y la efectividad en la erradicación de malezas, sino que también representa un avance significativo hacia una agricultura de precisión, beneficiando tanto a pequeños como a grandes productores.

Truco

Abarca una variedad de técnicas, desde correcciones básicas hasta análisis avanzados, permitiendo a los agricultores y científicos interpretar y utilizar estos datos para mejorar la gestión de cultivos, la planificación de recursos y la toma de decisiones basadas en datos precisos y actualizados.

3.1. ArcGIS Pro para procesar imágenes

ArcGIS Pro es una poderosa herramienta de Sistema de Información Geográfica (SIG) desarrollada por Esri. Algunas características clave de ArcGIS Pro para el procesamiento de imágenes:

- **Análisis multiespectral e hiperespectral:** ArcGIS Pro permite analizar datos de imágenes multiespectrales e hiperespectrales, facilitando la identificación de características específicas de los cultivos y condiciones del suelo.

- **Detección de cambios y monitoreo temporal:** Con su capacidad para manejar series temporales de imágenes, los usuarios pueden realizar seguimiento y detectar cambios en el terreno a lo largo del tiempo.

- **Herramientas de clasificación y mapeo:** Ofrece herramientas avanzadas para la clasificación de imágenes, permitiendo a los usuarios categorizar diferentes tipos de cobertura terrestre o estados de los cultivos.

- **Integración con datos de teledetección:** ArcGIS Pro puede integrarse con datos obtenidos de drones y satélites, proporcionando una plataforma unificada para el análisis y la gestión de datos espaciales.

Fig. 27. La integración con datos de teledetección permite el análisis detallado de imágenes de alta resolución capturadas por drones, complementando los datos satelitales para una visión más precisa y localizada del estado de los cultivos y las condiciones del terreno

Esta aplicación es ampliamente utilizada para el procesamiento y análisis de imágenes en diversas aplicaciones, incluyendo la supervisión agrícola.

Por otro lado, con respecto a sus aplicaciones en la agricultura, destacamos:

- **Evaluación de la salud de los cultivos:**
  - ○ **Índices de vegetación:** ArcGIS Pro permite calcular índices como el Índice de Vegetación de Diferencia Normalizada (NDVI), que es esencial para evaluar la salud y el vigor de los cultivos. Este índice mide la densidad y la salud de la vegetación basándose en cómo las plantas reflejan la luz en diferentes bandas espectrales.
  - ○ **Identificación de áreas problemáticas:** Los agricultores pueden identificar áreas con problemas de crecimiento o enfermedades en los cultivos. Esto permite intervenciones tempranas, mejorando así la productividad general.

 **Saber más**

El Índice de Vegetación de Diferencia Normalizada (NDVI) es un indicador clave en la teledetección agrícola. Se calcula utilizando la luz visible y la luz infrarroja cercana reflejada por la vegetación. Las plantas sanas absorben la mayor parte de la luz visible (principalmente la luz roja) y reflejan una gran cantidad de infrarrojo cercano. Por otro lado, las plantas enfermas o estresadas muestran una menor absorción de luz visible y reflejan menos infrarrojo cercano.

Los valores del NDVI varían de -1 a +1. Un valor alto indica una alta densidad de vegetación saludable, mientras que los valores bajos indican suelo desnudo o vegetación escasa, enferma o estresada. Este índice es ampliamente utilizado para monitorear la salud de los cultivos, evaluar la cobertura vegetal y gestionar los recursos agrícolas de manera más eficiente.

- **Gestión de recursos hídricos:**
  - o **Análisis de riego:** ArcGIS Pro ayuda a analizar la eficacia del riego y la distribución de la humedad en los campos. Esto es vital para optimizar el uso del agua y evitar tanto la sobre-irrigación como la sequía.
  - o **Planificación de riego:** Mediante el uso de imágenes térmicas y multiespectrales, los agricultores pueden planificar mejor sus sistemas de riego, garantizando que el agua se utilice de manera eficiente y sostenible.

A continuación, vemos un ejemplo práctico de cómo los agricultores pueden utilizar imágenes térmicas y multiespectrales para la planificación del riego.

Un agricultor tiene un campo de maíz que necesita ser regado de manera eficiente. Utilizando imágenes térmicas capturadas por un dron, el agricultor puede identificar zonas del campo donde la temperatura es más alta, lo que indica una posible falta de humedad y, por lo tanto, una mayor necesidad de riego. Al mismo tiempo, las imágenes multiespectrales pueden mostrar áreas con una baja reflectancia en el infrarrojo cercano, lo que sugiere una baja densidad de vegetación saludable, posiblemente debido a un riego insuficiente.

Al combinar estos datos, el agricultor puede ajustar el sistema de riego para dirigir más agua a las áreas más calientes y menos vegetadas del campo, mientras reduce el riego en las áreas que ya están bien hidratadas. Este enfoque no solo mejora la salud de los cultivos al garantizar que reciban la cantidad adecuada de agua, sino que también ayuda a conservar el agua y reducir los costos operativos.

- **Planificación y gestión de cultivos:**
  - ○ **Mapeo de suelos y topografía:** Utilizando ArcGIS Pro, los agricultores pueden mapear la composición del suelo y la topografía de sus tierras, lo que es esencial para la planificación de cultivos y la gestión del terreno.
  - ○ **Rotación de cultivos y planificación de siembra:** Los análisis de imágenes permiten a los agricultores planificar la rotación de cultivos y la siembra, basándose en datos históricos y actuales, para maximizar la salud del suelo y la productividad de los cultivos.

 **Saber más**

ArcGIS Pro se convierte así en una herramienta multifacética y fundamental en la agricultura moderna, permitiendo a los agricultores no solo monitorear y mejorar sus prácticas actuales, sino también planificar de manera proactiva para futuras temporadas de cultivo. La capacidad de procesar y analizar datos de imágenes de forma precisa y eficiente hace de ArcGIS Pro una herramienta invaluable en la toma de decisiones informadas y la gestión sostenible de recursos agrícolas.

3.2. Caso práctico: procesado de imágenes Sentinel-2

El satélite Sentinel-2, parte del programa Copernicus de la Unión Europea, proporciona imágenes multiespectrales de alta resolución, ideales para aplicaciones en agricultura.

El uso de imágenes Sentinel-2 en la agricultura ofrece una herramienta revolucionaria para mejorar la eficiencia y la sostenibilidad de las prácticas agrícolas. Desde el monitoreo detallado de la salud de los cultivos hasta la gestión avanzada del riego y la planificación precisa de la cosecha, estas imágenes permiten a los agricultores tomar decisiones informadas y proactivas.

Al integrar la teledetección en sus operaciones diarias, los agricultores no solo mejoran la productividad y la calidad de los cultivos, sino que también promueven prácticas agrícolas más respetuosas con el medio ambiente y sostenibles a largo plazo.

El Sentinel-2 desempeña un papel clave en la gestión de desastres y en el monitoreo del cambio climático, gracias a sus avanzadas capacidades de captura de imágenes.

La red de satélites Sentinel, desarrollada por la Agencia Espacial Europea (ESA) bajo el programa de Monitorización Global para la Seguridad y el Medio Ambiente, ha sido un aporte significativo a la agricultura de precisión. El programa Sentinel, iniciado en 2014, incluye varios tipos de satélites, entre ellos los de imagen superespectrales y radar, cada uno con aplicaciones específicas. El Sentinel-1A, lanzado en 2014, y su compañero, el Sentinel-1B, ofrecen imágenes de radar terrestres y oceánicas útiles en la vigilancia, pero no directamente en la agricultura. En cambio, los satélites Sentinel-2, lanzados en 2015 y 2017, son especialmente relevantes para la agricultura. Proporcionan imágenes ópticas de alta resolución que captan detalles de la vegetación, el suelo y otras características geográficas, lo que es esencial para la agricultura de precisión.

Estos satélites ofrecen ventajas significativas en comparación con otros, como Landsat, en términos de resolución y frecuencia de imágenes. Mientras Landsat ofrece una resolución de 30 x 30 metros por píxel, Sentinel llega a 10 x 10 metros, lo que permite un análisis más detallado incluso en áreas de agricultura a menor escala. Además, los satélites Sentinel-2 visitan la misma área con mayor frecuencia, aproximadamente cada cinco días, lo que es crucial para monitorear cambios rápidos en los cultivos, como en la fase de crecimiento del maíz.

El NDVI, calculado a partir de las imágenes de Sentinel, mide la intensidad del verde de las plantas, lo que a su vez indica el contenido de nitrógeno. Este índice se calcula para cada píxel, permitiendo crear mapas de intensidad de verde que son esenciales para ajustar la fertilización y optimizar el uso de recursos. Por ejemplo, en el abonado de cereales de invierno, imágenes satelitales recientes permiten un ajuste preciso de la fertilización, lo que resulta en ahorros económicos y beneficios ambientales.

Aunque los satélites Sentinel-2 han aumentado el número de satélites disponibles para la agricultura de precisión, hay desventajas como el costo y la posibilidad de obtener datos inservibles en días de mala visibilidad, como la niebla. A pesar de esto, los satélites se complementan bien con otras herramientas, como los drones, para proporcionar una visión completa y precisa de las condiciones agrícolas.

A continuación, vemos los pasos en el procesamiento de estas imágenes para su uso en la supervisión agrícola:

- **Adquisición de imágenes:** Este paso implica la recolección de imágenes relevantes para la supervisión agrícola. En este contexto, descargamos imágenes del satélite Sentinel-2, seleccionando aquellas que son pertinentes para la región y el período de interés. Esto implica un proceso de selección cuidadosa, considerando factores como la resolución espacial y temporal, así como la relevancia de las imágenes en relación con las fechas claves del ciclo agrícola.

- **Pre-procesamiento:** Una vez adquiridas las imágenes, el siguiente paso es el pre-procesamiento, crucial para garantizar su utilidad. Esto incluye la corrección atmosférica, un procedimiento técnico para eliminar distorsiones en la imagen causadas por la atmósfera, como la neblina o la contaminación. Adicionalmente, se realiza un ajuste geométrico para alinear las imágenes de manera precisa con la superficie terrestre, lo cual es esencial para comparaciones temporales y espaciales precisas en el análisis posterior.

- **Análisis espectral:** Aquí, se utiliza el amplio rango de bandas espectrales disponibles en Sentinel-2 para identificar características específicas de la vegetación. Esto permite detectar aspectos como la salud y el estrés de los cultivos, gracias a la capacidad de estas bandas de capturar información que no es visible al ojo humano, proporcionando una perspectiva detallada sobre la condición de los cultivos.

- **Cálculo de índices de vegetación:** En este paso, se calculan índices como el Índice de Vegetación de Diferencia Normalizada (NDVI), que es fundamental para evaluar la vitalidad de los cultivos. Estos índices son indicadores claves que ayudan a identificar áreas que requieren atención o intervención, permitiendo una gestión más eficiente y dirigida de los recursos agrícolas.

- **Integración con otras fuentes de datos:** Para obtener un análisis más completo y detallado, combinamos los datos obtenidos de Sentinel-2 con otras fuentes, como información proveniente de drones o sensores terrestres. Esta integración de datos permite una comprensión más holística de las condiciones agrícolas, aprovechando las fortalezas de cada tipo de fuente de datos.

- **Visualización y análisis:** Finalmente, el proceso concluye con la creación de mapas temáticos y visualizaciones que permiten interpretar los datos procesados de manera efectiva. Estos mapas son herramientas fundamentales para la toma de decisiones en la gestión de cultivos y recursos, ya que proporcionan una representación visual clara de las condiciones y necesidades del terreno agrícola.

A continuación, concretamos los pasos a seguir para un ejemplo específico:

- Elegir un campo agrícola específico en una región de interés.
- Utilizar una plataforma como Sentinel Hub para descargar imágenes Sentinel-2 durante la temporada de crecimiento.
- Usar herramientas como SNAP (Sentinel Application Platform) para ajustar las imágenes, eliminando distorsiones atmosféricas.
- Alinear las imágenes con mapas de referencia para asegurar una correcta correspondencia espacial.
- Analizar bandas específicas que son sensibles a la clorofila y a la humedad.
- Observar cambios en la reflectancia que puedan indicar estrés o enfermedades en los cultivos.
- Utilizar el software para calcular el NDVI y obtener un mapa que muestre la vitalidad de los cultivos.
- Localizar zonas con valores bajos de NDVI que requieran atención.
- Combinar imágenes de alta resolución de drones para inspeccionar áreas problemáticas identificadas.

- Incorporar datos de humedad del suelo o de sensores meteorológicos para una comprensión más profunda.
- Crear mapas que muestren la distribución espacial de la salud de los cultivos y las áreas de estrés.
- Utilizar estos mapas para planificar intervenciones, como ajustes en el riego o en la fertilización.

Algunas aplicaciones prácticas de Sentinel-2 en agricultura son las siguientes:

- **Monitoreo de la salud de los cultivos:**
  - **Detección temprana**: Las imágenes de Sentinel-2 permiten identificar signos tempranos de enfermedades o deficiencias nutricionales a través de cambios en la coloración o textura de los cultivos, visibles en las imágenes multiespectrales.
  - **Intervención y manejo**: Con base en estos datos, se pueden tomar medidas correctivas a tiempo, como ajustar el uso de fertilizantes o aplicar tratamientos específicos para enfermedades.

- **Gestión del riego:**
  - **Identificación de zonas de estrés hídrico**: Utilizando índices como el NDWI (Índice de Humedad de la Vegetación), se pueden detectar áreas con déficit o exceso de agua.
  - **Optimización del riego**: Esta información permite ajustar los sistemas de riego para distribuir el agua de manera más eficiente.

Fig. 28. La optimización del riego permite ahorrar recursos y mejorar la salud de los cultivos

- **Planificación de la cosecha:**
  - ○ **Estimación de rendimientos**: Al analizar la salud y el desarrollo de los cultivos a lo largo del tiempo, se pueden hacer proyecciones más precisas sobre los rendimientos esperados.
  - ○ **Programación de la cosecha**: Determinar el momento óptimo para la cosecha basándose en la madurez y el estado de los cultivos, maximizando así la calidad y la cantidad de la producción.

A continuación, vemos técnicas de procesamiento de imágenes y métodos avanzados para representar datos agrícolas de manera comprensible y significativa, utilizando imágenes obtenidas por drones.

- **Segmentación y cuantificación del color:** Esta técnica agrupa píxeles similares *(clustering)* y comprime rangos de valores en un único valor para simplificar la interpretación.
- **Mapa de colores:** Mejora la discriminación visual aplicando colores a imágenes en escala de grises, facilitando la detección de cambios sutiles en la imagen.
- **Cuantificación global:** Asigna un color diferente a cada rango de intensidad en la imagen, permitiendo comparaciones entre diferentes ortomosaicos, cultivos o períodos de tiempo.

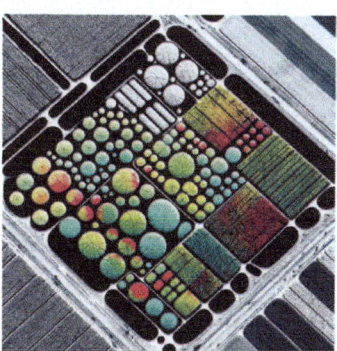

Fig. 29. Esta imagen ilustra cómo se vería un campo de cultivos utilizando un enfoque local con técnicas de segmentación y cuantificación del color

Estas técnicas se utilizan para analizar ortomosaicos de cultivos como trigo y soja, permitiendo una evaluación detallada del crecimiento de los cultivos y la presencia de malezas o enfermedades.

El procesamiento de imágenes en la agricultura a través de estas técnicas ofrece una visión detallada y comparativa de los cultivos, contribuyendo a una toma de decisiones más informada y eficiente en la gestión agrícola.

Fig. 30. Esta imagen muestra cómo se vería un campo de cultivos bajo un enfoque global con cuantificación global

En este enfoque local, se agrupan píxeles similares y se aplican colores a una imagen en escala de grises para mejorar la discriminación visual, destacando cambios sutiles en el campo de cultivos.

En este enfoque global, a cada rango de intensidad en la imagen se le asigna un color diferente, lo que facilita la comparación entre distintos ortomosaicos, tipos de cultivos o periodos de tiempo, y resalta las variaciones en todo el campo.

4. Planificación de vuelo

La planificación de vuelo es un componente imprescindible en el uso de drones para la supervisión agrícola.

Fig. 31. Esta etapa implica una serie de pasos cuidadosamente orquestados para asegurar que los vuelos sean seguros, eficientes y efectivos en la recopilación de datos

Los pasos para la planificación de vuelo son los siguientes.

A. Definición de objetivos

La definición de objetivos en la planificación de vuelo de drones para la supervisión agrícola es una etapa crucial que dicta el curso y el éxito de la misión. Este paso implica la identificación clara y precisa de lo que se busca lograr con el vuelo del dron, lo cual varía según las necesidades específicas del proyecto agrícola. Por ejemplo, si el objetivo es el mapeo detallado de cultivos, la planificación se centrará en asegurar que el dron cubra extensas áreas de terreno de manera sistemática, capturando datos completos y precisos de cada sección del campo.

En casos donde el enfoque sea la identificación de áreas problemáticas, como plagas o enfermedades, se requerirá un enfoque más dirigido. Aquí, el uso de sensores especializados, como cámaras multiespectrales, es fundamental para detectar signos de problemas que no son visibles a simple vista. Por otro lado, si el propósito es el monitoreo continuo de la salud y el crecimiento de los cultivos, los objetivos incluirán realizar vuelos periódicos para recoger datos comparativos a lo largo de diferentes etapas de desarrollo.

Además, en algunas situaciones, el objetivo puede extenderse a la evaluación de recursos naturales, como el uso eficiente del agua. En estos casos, la planificación del vuelo se enfocará en áreas de riego o regiones propensas a la sequía. Definir estos objetivos con claridad es esencial para tomar decisiones informadas en etapas subsiguientes, como la selección del equipo adecuado y la determinación de la ruta de vuelo. Al alinear cada aspecto de la misión de vuelo con objetivos específicos, se incrementa la eficiencia y efectividad de la recopilación de datos, contribuyendo significativamente al éxito global de las operaciones agrícolas.

B. Selección del equipo

La selección del equipo en la planificación de vuelo de drones para la supervisión agrícola es un paso vital que influye directamente en la capacidad para alcanzar los objetivos de la misión. Esta etapa requiere una cuidadosa elección del tipo de dron, así como de los sensores y cámaras apropiados, para adaptarse a las necesidades específicas de la tarea.

La elección del dron adecuado depende de varios factores críticos, incluyendo la autonomía de vuelo, la capacidad de carga, la estabilidad en distintas condiciones meteorológicas y la facilidad de operación. Por ejemplo, en el caso de necesitar cubrir grandes extensiones de terreno, se prefieren drones con mayor autonomía de vuelo. Para tareas que requieren un mayor nivel de detalle, como la detección de enfermedades en cultivos, se optaría por drones que puedan llevar cámaras de alta resolución.

Además, la selección de cámaras y sensores es crucial y debe estar alineada con los objetivos del vuelo. Cámaras multiespectrales o termográficas son ideales para aplicaciones como el mapeo topográfico o el monitoreo de la salud de los cultivos, ya que proporcionan información valiosa no visible al ojo humano. Estos sensores pueden detectar variaciones en la salud de las plantas, indicando problemas como estrés hídrico o enfermedades.

No menos importante es la elección del software y las herramientas de análisis adecuados. El software seleccionado debe ser capaz de procesar y analizar eficientemente los datos recogidos por los sensores, convirtiéndolos en información útil para la gestión agrícola. Además, es esencial considerar la compatibilidad y la integración entre el dron, los sensores y el software para asegurar una operación fluida y eficiente.

C. Evaluación de las condiciones metereológicas

La evaluación de las condiciones meteorológicas representa un aspecto crítico en la planificación de vuelos de drones para la supervisión agrícola, debido al impacto significativo que el clima puede tener en la seguridad del vuelo, la eficacia operativa y la calidad de los datos recogidos. Las condiciones adversas, como vientos fuertes, lluvia intensa o niebla, pueden afectar seriamente la estabilidad y el control del dron, así como dañar los equipos electrónicos y comprometer la captura de imágenes y datos.

Por ello, es esencial incorporar una evaluación detallada del pronóstico meteorológico en la planificación de los vuelos. Elegir días con condiciones climáticas estables y buena visibilidad es fundamental para asegurar una recopilación de datos eficiente y segura. Sin embargo, dado que el clima es inherentemente impredecible, mantener una flexibilidad en la programación de los vuelos es igualmente importante. Esto implica tener planes alternativos y estar preparado para posponer o reprogramar los vuelos en caso de cambios imprevistos en el clima.

Fig. 32. En áreas con fuertes vientos, se requieren drones con características de diseño que ofrezcan mayor estabilidad y resistencia al viento

Además, en áreas con características climáticas particulares, como zonas propensas a vientos fuertes o alta humedad, estas condiciones deben ser consideradas cuidadosamente al seleccionar el equipo de drones y al planificar las operaciones.

D. Determinación de la ruta de vuelo

La determinación de la ruta de vuelo es un paso esencial en la planificación de operaciones con drones para la supervisión agrícola, asegurando una cobertura completa y eficiente del área de interés. Esta fase requiere un diseño meticuloso del trayecto del dron, considerando varios factores cruciales para el éxito de la misión.

El principal objetivo es garantizar que la ruta cubra integralmente el área que se desea inspeccionar o mapear. Esto implica calcular detalladamente la extensión del terreno y diseñar un patrón de vuelo que permita a los sensores del dron capturar cada parte del campo de manera efectiva. Además, la eficiencia del vuelo es un aspecto clave; la ruta debe ser trazada para minimizar el tiempo en el aire y el consumo de batería, evitando redundancias y asegurando la operación dentro de la capacidad óptima del dron.

Fig. 33. Es fundamental considerar la topografía del área y cualquier obstáculo físico, como árboles o edificaciones

La ruta debe ser planificada cuidadosamente para evitar obstáculos, manteniendo la seguridad del dron y la integridad de los datos recolectados. En ocasiones, ciertas zonas pueden requerir una atención más detallada debido a condiciones específicas, como signos de enfermedad en los cultivos o necesidades de riego particulares. En estos casos, la ruta debe asegurar que estos puntos reciban una inspección exhaustiva.

Finalmente, es importante que la ruta de vuelo se establezca en conformidad con las regulaciones de vuelo locales, incluyendo restricciones de altura y zonas prohibidas para drones, así como otras normativas de seguridad aérea. La cuidadosa determinación de la ruta de vuelo no solo optimiza la recopilación de datos, sino que también garantiza la seguridad operativa y el cumplimiento de las regulaciones aéreas, siendo así un componente crítico para el éxito de las operaciones agrícolas mediante el uso de drones.

E. Establecimiento de parámetros de vuelo

El establecimiento de parámetros de vuelo en la planificación de operaciones con drones para la supervisión agrícola es un proceso esencial que define las especificaciones técnicas del vuelo para optimizar la recopilación de datos y garantizar la eficiencia y seguridad de la operación. Uno de los parámetros más críticos es la altitud de vuelo, que tiene un impacto directo en la resolución y el área de cobertura de las imágenes y datos capturados. La elección de la altitud depende de los objetivos del vuelo; por ejemplo, una altitud más baja proporciona imágenes más detalladas, pero cubre un área menor, mientras que una más alta abarca un área más amplia, pero con menor detalle.

La velocidad del dron también es un factor clave, ya que debe balancear la eficiencia del tiempo de vuelo con la calidad de los datos. Velocidades más altas permiten cubrir más terreno rápidamente, pero pueden afectar la calidad de las imágenes.

Por otro lado, la duración del vuelo está limitada por la capacidad de la batería del dron y debe ser cuidadosamente planificada para maximizar la recopilación de datos sin agotar la batería. Esto incluye considerar el tiempo necesario para todas las fases del vuelo, así como planificar cambios de batería o puntos de recarga para operaciones más largas.

Adicionalmente, es crucial ajustar adecuadamente los sensores y cámaras del dron, configurando parámetros como la resolución, el balance de blancos y la sensibilidad ISO según las condiciones de luz y los objetivos específicos del vuelo. Estas configuraciones son fundamentales para asegurar que los datos recogidos sean de la máxima calidad y relevancia para los objetivos agrícolas.

En conjunto, el cuidadoso establecimiento de parámetros de vuelo es vital para asegurar operaciones de drones seguras, eficientes y productivas en la agricultura. Al optimizar estos parámetros, se mejora la calidad de la información recolectada, se maximiza el uso del equipo y se contribuye significativamente al éxito de las operaciones de supervisión agrícola.

F. Revisión de regulaciones y permisos

La revisión de regulaciones y la obtención de los permisos necesarios constituyen pasos fundamentales en la planificación de vuelos de drones para la supervisión agrícola, asegurando que todas las operaciones se realicen en cumplimiento con las leyes y normativas aplicables. Este proceso comienza con un conocimiento profundo de las regulaciones locales y nacionales en relación con el uso de drones. Estas regulaciones pueden incluir restricciones en términos de altitud, zonas de vuelo prohibidas, como las cercanas a aeropuertos o instalaciones gubernamentales, y requisitos específicos para los operadores de drones, incluyendo la necesidad de obtener licencias o certificaciones apropiadas.

Fig. 34. Mantenerse informado y adaptarse a los cambios legislativos es vital para garantizar que las operaciones de vuelo permanezcan dentro del marco legal

Además, es habitual que se requieran permisos específicos para realizar vuelos de drones con fines comerciales o de investigación, como en el caso de la supervisión agrícola. Obtener estos permisos a menudo implica trámites ante autoridades de aviación civil o entidades gubernamentales, donde se deben proporcionar detalles del vuelo, el equipo utilizado y las medidas de seguridad a implementar. Asimismo, se deben tener en cuenta las leyes de privacidad y protección de datos, especialmente si los drones capturan imágenes o datos que puedan identificar a individuos o propiedades privadas, para asegurar el respeto a los derechos de las personas y evitar violaciones de privacidad.

Es importante también mantenerse constantemente actualizado sobre los cambios en la legislación relacionada con los drones, dado que estas regulaciones están en continua evolución.

G. Pruebas pre-vuelo

Las pruebas pre-vuelo constituyen un paso esencial en la planificación de operaciones con drones para la supervisión agrícola, garantizando el funcionamiento óptimo y la seguridad de toda la operación. Antes de cada vuelo, es crucial llevar a cabo una inspección física detallada del dron y de los equipos auxiliares. Esta revisión incluye verificar la integridad estructural del dron, asegurarse de que no hay daños visibles, y comprobar que todas las partes esenciales, como hélices, motores y sensores, estén bien instaladas y en perfecto estado de funcionamiento.

Además, es vital verificar el estado de la batería y los sistemas de alimentación del dron. Esto implica comprobar la carga de la batería y buscar signos de desgaste o daño, así como asegurarse de que los sistemas de alimentación funcionen correctamente para prevenir fallos durante el vuelo. Igualmente, importante es la calibración de los sensores y sistemas de navegación, incluyendo el GPS, ya que una calibración precisa es crucial para la exactitud de los datos recogidos y la navegación segura del dron.

Fig. 35. Es fundamental en las pruebas pre-vuelo la verificación de los sistemas de comunicación y control

Se debe asegurar una comunicación fluida y confiable entre el dron y el control remoto o la estación base, comprobando la solidez de la señal y la ausencia de interferencias que puedan comprometer el control del dron. Además, es necesario revisar que el software y firmware del dron estén actualizados y operando sin errores, ya que el software desactualizado o defectuoso puede causar problemas durante el vuelo y afectar la recopilación y procesamiento de datos.

 **Importante**

Es importante priorizar siempre la seguridad durante el vuelo, tanto del dron como de las personas y propiedades en tierra. También debemos asegurar que la recopilación de datos sea de alta calidad para facilitar un análisis preciso posteriormente.

A continuación, puedes informarte sobre la planificación de vuelo en agricultura con un ejemplo:

- **Definición de objetivos:** Un agricultor decide utilizar un dron para mapear sus cultivos de tomate y detectar áreas afectadas por una plaga reciente.
- **Selección del equipo:** Se elige un dron DJI Phantom equipado con una cámara multiespectral para analizar la salud de los cultivos.
- **Evaluación de las condiciones meteorológicas:** Se consulta el pronóstico para elegir un día soleado y sin viento para el vuelo.
- **Determinación de la ruta de vuelo:** Se planifica un vuelo que cubra todos los campos de tomate, asegurando una cobertura completa.
- **Establecimiento de parámetros de vuelo:** Se establece una altitud de 120 metros y una velocidad moderada para capturar imágenes de alta calidad.
- **Revisión de regulaciones y permisos:** Se verifica la normativa local y se obtiene el permiso necesario para el vuelo en la zona agrícola.
- **Pruebas pre-vuelo:** Se realiza una revisión del dron y de sus sistemas para asegurar un vuelo sin problemas.

La planificación cuidadosa del vuelo es fundamental para el éxito de las operaciones de drones en la agricultura, permitiendo la recopilación de datos valiosos que pueden ser utilizados para mejorar la gestión de los cultivos y los recursos agrícolas.

En el contexto de la supervisión agrícola mediante drones, la altura y velocidad de vuelo son aspectos críticos que deben ser cuidadosamente considerados para garantizar la eficiencia y precisión de la recopilación de datos:

- **Altitud de vuelo:** Para huertos, se recomienda volar a más de 150 metros (500 pies). Sin embargo, al mapear cultivos de campo en etapas tempranas, se sugiere volar a una altitud de alrededor de 50 metros (165 pies). Esto se debe tener en cuenta teniendo en cuenta que la altura mínima de la planta para análisis de Agremo es de 12 cm (5 pulgadas).
- **Velocidad de vuelo:** La velocidad de vuelo recomendada depende de la resolución de imagen requerida. Para resoluciones más bajas, se puede aumentar la velocidad de vuelo hasta aproximadamente 15 m/s. En cambio, para resoluciones más altas, la velocidad de vuelo debe ajustarse a alrededor de 7-9 m/s.

Estas recomendaciones son fundamentales para obtener imágenes de alta calidad y asegurar que los datos recopilados sean útiles para el análisis agrícola. Además, es importante siempre verificar y cumplir con las regulaciones aéreas locales al planificar y ejecutar vuelos de drones.

4.1. Caso práctico: conociendo Site Scan

Site Scan es una solución integral para la planificación, ejecución y análisis de vuelos de drones en la agricultura. *Site Scan* ofrece herramientas avanzadas para la captura de imágenes aéreas y la generación de mapas precisos y detallados del terreno.

Site Scan es un producto de Esri que proporciona un flujo de trabajo completo de principio a fin para la adquisición y procesamiento de imágenes de drones, trabajando con los datos resultantes y la gestión de activos de drones. Forma parte del ecosistema de ArcGIS de Esri y los datos de Site Scan pueden ser utilizados o integrados en una variedad de aplicaciones de Esri construidas sobre ArcGIS Online o ArcGIS Enterprise para uso interno o externo.

Site Scan for ArcGIS se describe como una solución de software de mapeo y análisis de drones basada en la nube que está diseñada para revolucionar la recopilación, procesamiento y análisis de imágenes. Esta herramienta apoya todas las fases del flujo de trabajo de mapeo con drones, incluyendo la planificación del vuelo de drones, la gestión de la flota, el procesamiento de imágenes y el análisis

El uso práctico de *Site Scan* implica los siguientes aspectos:

A. Configuración del vuelo

Este primer paso en el uso práctico de *Site Scan* es fundamental, ya que aquí los usuarios establecen las bases para una misión exitosa. La configuración del vuelo implica la definición precisa de la ruta que seguirá el dron. Los usuarios pueden seleccionar los puntos de inicio y fin del vuelo, y ajustar parámetros específicos como la altitud y la velocidad.

Uno de los aspectos más destacados de *Site Scan* es su capacidad para automatizar el vuelo del dron. Esta funcionalidad asegura que se cubra completamente el área de interés sin la necesidad de un control manual constante. La automatización no solo ahorra tiempo y esfuerzo, sino que también aumenta la precisión del vuelo, asegurando una cobertura uniforme y sistemática del terreno. Esto es particularmente útil en grandes extensiones de terreno donde la consistencia y la precisión son clave para obtener datos fiables.

Fig. 36. La etapa de configuración del vuelo es imprescindible para asegurar que el dron cubra el área deseada de manera eficiente, teniendo en cuenta factores como el tamaño del terreno, los obstáculos presentes y los objetivos específicos del vuelo

B. Captura de datos

Durante el vuelo, el dron equipado con *Site Scan* lleva a cabo una tarea crucial: la recopilación de datos e imágenes de alta resolución del terreno y los cultivos. Esta fase es donde se recoge la información vital que será el fundamento para los análisis posteriores.

Las imágenes y datos recogidos proporcionan una visión detallada del estado actual del terreno, capturando detalles que van desde la topografía hasta la salud de los cultivos, lo que permite un diagnóstico preciso de las condiciones existentes.

C. Procesamiento de datos

Una vez que el dron ha completado su misión y ha recopilado los datos necesarios, el siguiente paso es cargar estos datos en la plataforma de *Site Scan.* Aquí, los datos se procesan para crear representaciones útiles como mapas y modelos 3D del terreno. Este procesamiento convierte los datos crudos en información valiosa y accesible, facilitando la visualización y el análisis detallado del área de estudio.

Los modelos y mapas generados son herramientas poderosas para comprender mejor el terreno y planificar acciones futuras.

D. Análisis y aplicación

Finalmente, los mapas y modelos 3D generados se utilizan para realizar análisis detallados de los cultivos y del terreno. Estas herramientas permiten a los usuarios identificar áreas problemáticas, como zonas con deficiencias de riego o infestaciones de plagas, y planificar intervenciones efectivas. Además, estos análisis pueden apoyar la toma de decisiones estratégicas a largo plazo, como la planificación de rotaciones de cultivos o la mejora de prácticas de gestión del terreno.

La capacidad de analizar de forma detallada y aplicar los conocimientos adquiridos es lo que hace que el uso de *Site Scan* sea una herramienta invaluable en la agricultura moderna.

A continuación, vemos un ejemplo práctico del uso de *Site Scan* en la agricultura.
Un agricultor tiene un gran campo de trigo que necesita ser monitoreado para optimizar la salud de los cultivos y maximizar el rendimiento.

- **Configuración del vuelo con *Site Scan:***
  - o El agricultor define la ruta del vuelo, configurando puntos de inicio y fin alrededor de su campo de trigo.
  - o Establece parámetros específicos del vuelo, como una altitud que permita capturar detalles suficientes sin comprometer la resolución.

- **Automatización y ejecución del vuelo:**
  - o Utiliza *Site Scan* para automatizar el vuelo, asegurando que el dron cubra todo el campo de manera uniforme.
  - o El dron se lanza y sigue la ruta programada, cubriendo sistemáticamente el área de interés.

- **Captura de datos aéreos:**
  - o Durante el vuelo, el dron equipado con cámaras avanzadas recoge datos e imágenes de alta resolución del campo de trigo.
  - o Las imágenes capturadas incluyen datos multiespectrales para analizar la salud de los cultivos.

- **Procesamiento y análisis de datos:**
  - o Los datos recopilados se suben a la plataforma *Site Scan,* donde se procesan para crear mapas detallados y modelos 3D del campo.
  - o El agricultor utiliza estos mapas y modelos para identificar áreas de estrés en los cultivos, como zonas con falta de nutrientes o problemas de riego.

Seguidamente, puedes ver los pasos finales del uso de *Site Scan* en la agricultura:

- **Aplicación práctica de los resultados:**
  - o Con esta información detallada, el agricultor planifica intervenciones específicas, como ajustes en los patrones de riego y la aplicación de fertilizantes en áreas específicas.
  - o Esta estrategia permite al agricultor abordar de manera proactiva cualquier problema antes de que afecte significativamente el rendimiento del trigo.

Utilizando *Site Scan,* el agricultor ha podido realizar un seguimiento detallado y eficiente de su campo de trigo, lo que le ayuda a tomar decisiones informadas para mejorar la salud de sus cultivos y, en última instancia, aumentar el rendimiento de su cosecha.

Este enfoque práctico demuestra cómo *Site Scan* puede ser una herramienta invaluable en la agricultura moderna, facilitando la recopilación y análisis de datos aéreos para una gestión agrícola más eficiente y basada en datos.

Truco

Site Scan es una herramienta valiosa para los agricultores y científicos, ya que simplifica y mejora la eficiencia del proceso de mapeo aéreo y análisis de cultivos. Su enfoque didáctico y práctico lo hace accesible incluso para aquellos con poca experiencia en drones y teledetección.

5. Análisis de resultados y obtención de conclusiones

El análisis de los resultados obtenidos a través de imágenes y drones es un paso fundamental en la supervisión agrícola.

Aquí se evalúa la efectividad de las prácticas de cultivo, se identifican áreas de mejora y se formulan estrategias basadas en evidencia para optimizar la producción.

Fig. 37. Esta fase implica interpretar los datos recogidos para obtener información valiosa que pueda guiar las decisiones agrícolas

5.1. Análisis de imágenes

En el análisis de imágenes, se examinan detalladamente los datos visuales y multiespectrales recopilados para entender mejor las condiciones actuales de los cultivos y el terreno. Este análisis puede revelar los siguientes aspectos.

A. Estado de salud de los cultivos

- **Detección de enfermedades:** Las imágenes pueden mostrar signos visuales de enfermedades en los cultivos, como manchas en las hojas o patrones de decoloración.
- **Deficiencias nutricionales:** Ciertas deficiencias nutricionales en las plantas se manifiestan en cambios en la coloración de las hojas, que pueden ser detectadas a través de imágenes multiespectrales.
- **Estrés hídrico:** Las imágenes térmicas y algunas bandas multiespectrales pueden indicar estrés hídrico al mostrar variaciones en la temperatura de la superficie y la reflectividad de las plantas.

 **Saber más**

Las deficiencias nutricionales, como la falta de nitrógeno, a menudo se manifiestan en un amarillamiento de las hojas. El estrés hídrico, por otro lado, puede ser identificado mediante imágenes térmicas que muestran variaciones en la temperatura de la superficie de las plantas, indicando áreas de sequía o riego insuficiente. En las imágenes, esto se traduce en una variación de colores donde las áreas más cálidas pueden mostrarse en tonos rojos o anaranjados, mientras que las áreas con suficiente humedad se visualizan en tonos azules o verdes. Esta técnica permite identificar rápidamente las zonas que necesitan atención en términos de riego.

B. Efectividad del riego

- **Distribución del agua:** Las imágenes pueden ayudar a visualizar áreas del campo que reciben más o menos agua de la necesaria, mostrando patrones de riego irregulares o ineficientes.
- **Uso del agua en el terreno:** El análisis de imágenes puede revelar cómo el agua se distribuye y se retiene en diferentes partes del terreno, lo cual es fundamental para ajustar las prácticas de riego y asegurar la eficiencia en el uso del agua.

 **Saber más**

La distribución desigual del agua se observa en patrones donde algunas zonas aparecen más verdes y otras más secas. Además, el análisis de imágenes puede indicar cómo el agua se acumula o se dispersa en el terreno, información clave para optimizar las prácticas de riego y asegurar que cada parte del campo reciba la cantidad adecuada de agua.

C. Patrones de crecimiento

- **Desarrollo de los cultivos**: Las imágenes capturan el crecimiento y desarrollo de los cultivos a lo largo del tiempo, permitiendo a los agricultores seguir su progreso y salud general.

- **Madurez de los cultivos**: A través del análisis de imágenes, es posible determinar el estado de madurez de los cultivos.

Fig. 38. Conocer el estado de madurez de los cultivos es crítico para planificar el momento óptimo de cosecha y maximizar el rendimiento

 **Saber más**

La determinación de la madurez de los cultivos a través del análisis de imágenes multiespectrales implica identificar cambios específicos en la coloración y estructura de las plantas. Por ejemplo, en cultivos como el trigo o el maíz, la madurez se puede visualizar por un cambio de color verde a tonos más dorados o marrones. Las imágenes multiespectrales capturan estos cambios con gran detalle, diferenciando las fases de crecimiento de las plantas. Además, pueden revelar cambios en la textura y la estructura, como el engrosamiento de tallos o el desarrollo de frutos, lo cual es imprescindible para decidir el momento óptimo de cosecha.

 **Resumen**

El procesamiento de estas imágenes con herramientas avanzadas permite una interpretación precisa de estos datos, llevando a la formulación de conclusiones bien fundamentadas y decisiones informadas en la gestión agrícola.

5.2. Caso práctico: análisis en el escritorio

El análisis en el escritorio en la supervisión agrícola implica el uso de herramientas y software de análisis geoespacial para interpretar datos de imágenes obtenidos por satélites o drones.

Fig. 39. Este enfoque permite un examen exhaustivo y detallado de los datos, esencial para la toma de decisiones informadas en la agricultura

Fig. 40. Es fundamental importar y organizar meticulosamente las imágenes agrícolas para asegurar un análisis efectivo y preciso

A continuación, vemos un ejemplo detallado de análisis en el escritorio.

- **Preparación de datos.**
    - ○ **Recopilación**: Importar imágenes de un campo agrícola específico desde fuentes como drones o satélites.
    - ○ **Organización**: Clasificar y organizar los datos en categorías como tipos de cultivos, fechas de captura y condiciones climáticas.

Fig. 41. La elección de herramientas avanzadas de análisis, como ArcGIS o QGIS, es necesaria para profundizar en el estudio y comprensión de los datos agrícolas

- **Selección de software de análisis.** Elegir un correcto software es muy importante para los diferentes resultados que obtengamos para ello dependeremos de:
  - o **Herramientas**: Utilizar programas como ArcGIS, QGIS o similares, que ofrecen funcionalidades avanzadas para el análisis de imágenes.
  - o **Capacitación**: Familiarizarse con las funcionalidades del software, incluyendo la visualización de datos, análisis espacial y generación de informes.

Fig. 42. Un examen minucioso de variaciones en coloración y textura es esencial para identificar con precisión las condiciones y necesidades de los cultivos

- **Análisis detallado de imágenes.** Con el análisis detallado de las imágenes nos da la oportunidad de perfilar las necesidades de nuestros cultivos con:
  - o **Identificación de características**: Examinar las imágenes para detectar variaciones en la coloración, textura y patrones de crecimiento de los cultivos.
  - o **Evaluación de condiciones**: Determinar áreas de estrés hídrico, infestación de plagas o problemas de nutrición de los cultivos.

Fig. 43. Generar mapas temáticos detallados, como los que muestran el NDVI, es vital para visualizar la salud y el desarrollo de los cultivos

- **Creación de mapas temáticos y visuales.** La creación de mapas temáticos y visuales ayudan a la agricultura a definir y concretar las necesidades de los cultivos. Para ello podemos destacar:
  - o **Mapas de salud de cultivos**: Generar mapas que indiquen la salud de los cultivos utilizando índices como el NDVI.
  - o **Visualizaciones de datos**: Desarrollar representaciones visuales para facilitar la comprensión de patrones y tendencias.

Fig. 44. Analizar e interpretar los datos de forma integral es clave para tomar decisiones informadas sobre la gestión de cultivos

- **Interpretación y toma de decisiones.** Tras recibir los datos dado por el dron, los tendremos que volcar en nuestro software y proceder a realizar:
  - o **Análisis de resultados**: Interpretar los mapas y visualizaciones para comprender las condiciones actuales y las tendencias de los cultivos.
  - o **Planificación de acciones**: Basándose en el análisis, tomar decisiones sobre prácticas de cultivo, como ajustes en el riego, fertilización o tratamientos fitosanitarios.

Fig. 45. La elaboración de informes detallados y la comunicación efectiva de los hallazgos son pasos imprescindibles para implementar estrategias agrícolas exitosas

- **Documentación y comunicación.** La diferente documentación que obtenemos del análisis del terreno nos dará diferentes ventajas, además se aconseja compartir dicha comunicación para que los beneficios sean universales:
  - o **Informes**: Elaborar informes detallados con los hallazgos y recomendaciones.
  - o **Compartir hallazgos**: Comunicar los resultados con el equipo de campo, agrónomos o gestores para implementar las acciones recomendadas.

A continuación, vemos un ejemplo detallado de análisis en el escritorio en la supervisión agrícola sobre una cooperativa de agricultores desea evaluar y optimizar la salud y el rendimiento de sus campos de patatas.

- **Preparación de datos:**
  - o **Recopilación**: Los agricultores recogen imágenes aéreas de sus campos de patatas utilizando drones equipados con cámaras multiespectrales.
  - o **Organización**: Importan estas imágenes en su software de análisis geoespacial, organizándolas por fecha de captura y condiciones climáticas.

- **Selección de software de análisis:**
  - o **Herramientas**: Deciden utilizar ArcGIS para su análisis debido a sus capacidades avanzadas en el manejo y análisis de imágenes.
  - o **Capacitación**: Un miembro del equipo, que ya está familiarizado con ArcGIS, se encarga de analizar los datos y compartir sus hallazgos con el resto del equipo.

- **Análisis detallado de imágenes:**
  - o **Identificación de características**: Examinan las imágenes para detectar áreas de coloración anormal o textura, indicativas de posibles problemas de salud en los cultivos.
  - o **Evaluación de condiciones**: Identifican zonas de estrés hídrico y posibles infestaciones de plagas que requieren atención.

- **Creación de mapas temáticos y visuales:**
  - o **Mapas de salud de cultivos**: Utilizan el NDVI y otros índices para generar mapas que muestren la salud general de los cultivos en diferentes partes del campo.
  - o **Visualizaciones de datos**: Desarrollan visualizaciones que destacan las áreas problemáticas y las tendencias de crecimiento.

- **Interpretación y toma de decisiones:**
  - o **Análisis de resultados**: Interpretan los mapas y visualizaciones para comprender mejor las condiciones actuales y las tendencias de crecimiento en sus campos.
  - o **Planificación de acciones**: Basándose en el análisis, deciden ajustar sus prácticas de riego y aplicar tratamientos fitosanitarios en áreas específicas.

- **Documentación y comunicación:**
  - o **Informes**: Elaboran informes detallados que incluyen hallazgos y recomendaciones para mejorar la salud y el rendimiento de los cultivos.
  - o **Compartir hallazgos**: Comunican estos resultados con el resto de los miembros de la cooperativa y planifican implementar las acciones recomendadas.

A través de este análisis en el escritorio, la cooperativa de agricultores ha obtenido una visión profunda de la salud de sus cultivos, lo que les permite tomar decisiones informadas para mejorar sus prácticas agrícolas y aumentar el rendimiento de sus cultivos de patata.

5.3. Caso práctico: análisis en la nube

El análisis en la nube es una técnica moderna en la supervisión agrícola que implica el uso de plataformas basadas en la nube para procesar y analizar datos de imágenes.

Fig. 46. Esta metodología ofrece ventajas como un mayor poder de procesamiento, almacenamiento escalable y acceso remoto

A continuación, vemos un ejemplo práctico de análisis en la nube:

A. Carga de datos en la nube

Subir las imágenes recopiladas por drones o satélites a una plataforma en la nube, como *Google Earth Engine* o AWS.

Fig. 47. Se puede maximizar la accesibilidad y seguridad de los datos agrícolas subiéndolos a plataformas en la nube

B. Procesamiento de datos en la nube

Utilizar las capacidades de procesamiento de la plataforma para analizar grandes conjuntos de datos, aplicando correcciones, filtros y algoritmos específicos.

Fig. 48. Es importante aprovechar el poder de procesamiento en la nube para manejar grandes volúmenes de datos agrícolas con eficiencia

C. Análisis avanzado

Implementar análisis detallados como la detección de cambios, el cálculo de índices de vegetación y la identificación de patrones de cultivo.

Fig. 49. Es posible descubrir patrones ocultos y tendencias en los cultivos mediante análisis detallados de datos agrícolas en la nube

D. Visualización de datos

Generar mapas y visualizaciones interactivas directamente en la plataforma para interpretar los resultados.

Fig. 50. Convertir complejos conjuntos de datos agrícolas en visualizaciones claras y comprensibles es muy útil para una mejor interpretación y análisis

E. Colaboración y compartir información

Compartir los resultados y visualizaciones con equipos y colaboradores a través de la nube, facilitando la toma de decisiones colaborativa.

Fig. 51. Facilitar la colaboración permite agilizar la toma de decisiones compartiendo resultados y visualizaciones en tiempo real

A continuación, vemos un ejemplo práctico de análisis en la nube en la supervisión agrícola sobre una empresa agrícola desea evaluar y mejorar la salud y el rendimiento de sus cultivos de tomate en un campo extenso.

- **Carga de datos en la nube:** La empresa utiliza drones equipados con cámaras multiespectrales para sobrevolar sus campos de tomate y recopilar imágenes detalladas. Estas imágenes se suben a *Google Earth Engine,* una plataforma en la nube conocida por su capacidad para manejar grandes conjuntos de datos geoespaciales.
- **Procesamiento de datos en la nube:** Dentro de *Google Earth Engine,* la empresa utiliza algoritmos para corregir las imágenes por distorsiones atmosféricas y ajustarlas geométricamente a mapas de referencia. Se aplican filtros para realzar características específicas de las imágenes, como las zonas de estrés hídrico o de deficiencias nutricionales en los cultivos.
- **Análisis avanzado:** Se calcula el Índice de Vegetación de Diferencia Normalizada (NDVI) para cada imagen para evaluar la salud de los cultivos. Se implementa un análisis de detección de cambios para comparar las imágenes actuales con imágenes históricas y determinar el progreso o los problemas en el crecimiento de los cultivos.
- **Visualización de datos:** Se generan mapas temáticos y visualizaciones interactivas en la plataforma, mostrando áreas de cultivos saludables en verde y áreas problemáticas en rojo. Estas visualizaciones permiten a la empresa identificar rápidamente las zonas que requieren atención.
- **Colaboración y compartir información:** Los mapas y resultados del análisis se comparten con el equipo agrónomo y los gerentes de campo a través de la plataforma en la nube. Esto facilita la toma de decisiones colaborativa y la planificación de acciones específicas como ajustes en el riego o la aplicación de fertilizantes en zonas específicas.

A través del análisis en la nube, la empresa agrícola ha podido realizar un seguimiento exhaustivo y avanzado de sus cultivos de tomate, lo que les ayuda a tomar decisiones informadas y a implementar estrategias de manejo de cultivos más efectivas y eficientes.

Recuerda

El análisis en la nube revoluciona la manera en que se manejan y procesan los datos agrícolas, brindando una herramienta poderosa y accesible para mejorar la gestión y planificación en la agricultura moderna.

Resumen

Esta acción formativa sobre "supervisión agrícola mediante imágenes y drones" abarca conceptos clave y prácticas en el uso de tecnologías de imágenes y drones en la agricultura. La plataforma ArcGIS Pro es una herramienta fundamental para el procesamiento y análisis de imágenes, que permite interpretar datos multiespectrales e hiperespectrales, facilitando el análisis detallado de la salud de los cultivos, la eficiencia del riego y los patrones de crecimiento. Este software es esencial para convertir imágenes en datos accionables que apoyan la toma de decisiones agrícolas.

Hemos estudiado la importancia de las imágenes multiespectrales e hiperespectrales en la evaluación de la salud de los cultivos, el monitoreo del riego y la planificación de la cosecha. Las imágenes térmicas y de radar (SAR) también juegan un papel imprescindible en la detección del estrés hídrico y el seguimiento de la humedad del suelo, respectivamente.

El procesamiento de imágenes Sentinel-2 implica varios pasos desde la adquisición de imágenes hasta su análisis detallado. Este proceso incluye la corrección atmosférica, el ajuste geométrico, el análisis espectral y el cálculo de índices de vegetación como el NDVI, que es crucial para evaluar la vitalidad de los cultivos.

La planificación de vuelo es otra área esencial cubierta en el curso. Se discuten aspectos como la definición de objetivos, la selección del equipo, la evaluación de las condiciones meteorológicas, la determinación de la ruta de vuelo y la realización de pruebas pre-vuelo para garantizar la recopilación eficiente de datos.

Site Scan for ArcGIS se introduce como una herramienta de mapeo y análisis de drones basada en la nube, fundamental para la planificación y ejecución de vuelos de drones en la agricultura. Proporciona capacidades para el mapeo aéreo, la gestión de flotas de drones, el procesamiento de imágenes y el análisis detallado.

También hemos revisado el análisis de resultados y la obtención de conclusiones como un paso final y esencial. Se aborda cómo el análisis de imágenes en el escritorio y en la nube puede ayudar a interpretar los datos para mejorar la gestión de cultivos. Se discute cómo plataformas como *Earthdata Search* facilitan la descarga de imágenes satelitales gratuitas, proporcionando a los agricultores acceso a datos valiosos para la toma de decisiones informadas.

En resumen, esta acción formativa ofrece una comprensión integral de cómo las imágenes y la tecnología de drones pueden ser utilizadas eficazmente para mejorar las prácticas agrícolas, desde la obtención y manejo de imágenes hasta su procesamiento, análisis y aplicación en la toma de decisiones en la agricultura.

Glosario

Ajuste geométrico

Proceso de alinear imágenes con la superficie terrestre para una representación precisa.

Algoritmos de clasificación

Métodos utilizados en SIG para categorizar diferentes tipos de terreno o estados de cultivos en imágenes.

Análisis en la nube

Procesamiento y análisis de datos de imágenes utilizando plataformas basadas en la nube.

Análisis espectral

Evaluación de imágenes basada en diferentes bandas espectrales para identificar características específicas de la vegetación o el suelo.

Análisis temporal

Estudio de los cambios en el tiempo en un área determinada, basado en series de imágenes satelitales o de drones.

ArcGIS Pro

Software avanzado de Sistema de Información Geográfica (SIG) utilizado para el procesamiento y análisis de imágenes en diversas aplicaciones, incluida la agricultura.

Automatización de vuelo

Uso de software y tecnología para planificar y ejecutar vuelos de drones de manera autónoma, optimizando la recopilación de datos agrícolas.

AWS (Amazon Web Services)

Servicios de computación en la nube que ofrecen capacidades de almacenamiento y procesamiento de datos, aplicables al análisis de imágenes agrícolas.

Corrección atmosférica

Proceso de ajuste de imágenes para eliminar distorsiones causadas por la atmósfera.

Datos LiDAR

Tecnología que utiliza pulsos láser para generar datos tridimensionales del terreno y la vegetación.

Drones

Vehículos aéreos no tripulados utilizados en la agricultura para recopilar datos e imágenes del terreno y los cultivos.

Earthdata Search

Plataforma que permite la descarga de imágenes satelitales gratuitas para aplicaciones como la supervisión agrícola.

Estrés hídrico

Condición de déficit de agua en los cultivos, identificable mediante imágenes térmicas y multiespectrales.

Fotogrametría

El proceso de hacer mediciones a partir de fotografías, comúnmente usado en la creación de mapas a partir de imágenes de drones.

Google Earth Engine

Plataforma basada en la nube para el análisis de datos geoespaciales y de teledetección, usada para el análisis de imágenes agrícolas.

Imágenes de radar (SAR)

Imágenes obtenidas mediante ondas de radar, útiles para el seguimiento de la humedad del suelo y en condiciones de nubosidad.

Imágenes hiperespectrales

Imágenes que capturan datos en una amplia gama de bandas espectrales, proporcionando información detallada sobre la composición química y física de los cultivos y el suelo.

Imágenes multiespectrales

Imágenes capturadas en múltiples bandas espectrales, más allá del espectro visible, utilizadas para analizar aspectos como la salud de la vegetación.

Imágenes térmicas

Imágenes que miden la temperatura de la superficie, utilizadas para detectar estrés hídrico y otros factores en los cultivos.

Índice de Humedad de la Vegetación (NDWI)

Índice espectral utilizado para determinar la humedad en la vegetación, útil en la gestión del riego.

Interpretación de imágenes

Habilidad para analizar y entender el significado de las imágenes capturadas, especialmente en relación con la agricultura.

Mapas compuestos

Creación de mapas detallados combinando múltiples imágenes o datos de diferentes fuentes.

Mapeo aéreo

Proceso de creación de mapas detallados del terreno y los cultivos a partir de imágenes capturadas por drones o satélites.

Modelo Digital de Elevación (DEM)

Representación tridimensional del terreno, útil para analizar características topográficas en la agricultura.

NDVI (Índice de Vegetación de Diferencia Normalizada)

Índice utilizado para evaluar la densidad y salud de la vegetación, calculado a partir de imágenes multiespectrales.

Patrones de crecimiento

Observaciones del desarrollo y madurez de los cultivos a través del tiempo, reveladas por imágenes.

Planificación de vuelo de drones

Proceso de determinar la ruta, altitud, velocidad y duración de los vuelos de drones para la recopilación óptima de datos.

QGIS

Software de código abierto para el análisis y visualización de datos geoespaciales, usado en la gestión de imágenes en agricultura.

Resolución espacial

Refiere a la capacidad de una imagen de capturar detalles finos, crucial en la evaluación de la salud del cultivo.

Satélite Sentinel-2

Un satélite de observación terrestre cuyas imágenes son ampliamente utilizadas en aplicaciones agrícolas para monitoreo de cultivos y gestión de tierras.

Site Scan

Herramienta de mapeo y análisis de drones basada en la nube, utilizada para la planificación de vuelo, gestión de flotas y análisis de imágenes.

SNAP (Sentinel Application Platform)

Herramienta utilizada para el procesamiento y análisis de imágenes del satélite Sentinel-2.

Teledetección

Técnica de recopilar información sobre objetos o áreas desde la distancia, típicamente mediante satélites o drones.

Ejercicios de autoevaluación

1. **¿Qué es ArcGIS Pro?**

   a. Un software de procesamiento de imágenes.

   b. Una plataforma de vuelo para drones.

   c. Un tipo de sensor para drones.

2. **¿Qué índice se utiliza para evaluar la vitalidad de los cultivos?**

   a. NDWI.

   b. NDVI.

   c. RGB.

3. **¿Para qué se utiliza el análisis en la nube en la agricultura?**

   a. Para controlar los drones en tiempo real.

   b. Para el almacenamiento de herramientas agrícolas.

   c. Para procesar y analizar datos de imágenes.

4. **¿Cuál es el propósito principal de utilizar imágenes multiespectrales en la agricultura?**

   a. Análisis del crecimiento de los cultivos.

   b. Navegación de drones.

   c. Diseño de paisajes agrícolas.

5. **¿Qué tipo de imágenes es útil para el seguimiento de la humedad del suelo?**

   a. Imágenes térmicas.

   b. Imágenes visuales.

   c. Imágenes de radar (SAR).

6. **¿Qué herramienta se utiliza para el procesamiento de imágenes Sentinel-2?**

   a. Google Earth Engine.
   b. SNAP.
   c. Photoshop.

7. **¿Qué característica de los drones es crucial para la planificación de vuelo en la agricultura?**

   a. La duración de la batería.
   b. La velocidad del dron.
   c. La capacidad de captura de imágenes.

8. **¿Cuál es un ejemplo de índice de vegetación utilizado en el análisis de imágenes?**

   a. NDVI.
   b. RGB.
   c. NDWI.

9. **¿Para qué se usa *Site Scan* en la agricultura?**

   a. Para el análisis de suelo.
   b. Para la planificación y ejecución de vuelos de drones.
   c. Para la fertilización de cultivos.

10. **¿Qué técnica se utiliza para eliminar distorsiones atmosféricas en las imágenes?**

   a. Corrección atmosférica.
   b. Ajuste geométrico.
   c. Análisis espectral.

Aplicaciones prácticas

Aplicación práctica 1. Tecnologías de imagen para el desarrollo sostenible

Módulo 1. Supervisión agrícola mediante imágenes y drones

Te han encargado el diseño de un programa de supervisión y gestión agrícola para un proyecto de desarrollo sostenible en el sector agrario. El objetivo es maximizar la productividad y la sostenibilidad, minimizando el impacto ambiental y optimizando el uso de recursos.

Debes evaluar las distintas tecnologías de imagen disponibles (visuales, multiespectrales, hiperespectrales, térmicas y de radar) y elaborar una tabla que detalle cómo cada tipo de imagen puede ser utilizado para mejorar las prácticas agrícolas.

Esta guía debe considerar aspectos como la eficiencia en la detección de problemas, la optimización del uso del agua y nutrientes y la minimización de la huella ecológica.

Aplicación práctica 2. Implementación de ArcGIS Pro

Módulo 1. Supervisión agrícola mediante imágenes y drones

Imagina que debes asesorar a una cooperativa agrícola que busca implementar prácticas de agricultura de precisión utilizando ArcGIS Pro. Tu objetivo es desarrollar un plan que integre las capacidades de ArcGIS Pro para mejorar la eficiencia de la agricultura, la gestión sostenible de los recursos y la productividad de los cultivos.

Deberás formular y responder a cuatro preguntas clave que aborden cómo ArcGIS Pro puede ser utilizado para la evaluación de la salud de los cultivos, la gestión de recursos hídricos, y la planificación y gestión de cultivos.

Aplicación práctica 3. Análisis multiespectral para la optimización agrícola

Módulo 1. Supervisión agrícola mediante imágenes y drones

Eres un experto en tecnologías agrícolas y tu reto es desarrollar un módulo formativo que enseñe sobre la optimización de la agricultura mediante el uso de análisis de imágenes multiespectrales. El objetivo es que los estudiantes aprendan a aplicar estas técnicas en diferentes contextos agrícolas.

Deberás diseñar un ejercicio que incluya propuestas y justificaciones en cuatro escenarios distintos:

1. Campo con prevalencia de enfermedades en cultivos: Diseñar una estrategia para la detección temprana y manejo de enfermedades en cultivos utilizando imágenes multiespectrales.
2. Granja con deficiencias nutricionales en plantas: Proponer una solución para identificar y tratar deficiencias nutricionales en las plantas a través del análisis de imágenes.
3. Área agrícola con problemas de estrés hídrico: Crear un plan para mejorar la gestión del agua y reducir el estrés hídrico en los cultivos utilizando imágenes térmicas y multiespectrales.
4. Zona con ineficiencias en el sistema de riego: Elaborar un método para optimizar el sistema de riego mediante el análisis de la distribución del agua en el terreno utilizando imágenes.

Aplicación práctica 4. Integración de imágenes satelitales y drones en agricultura

Módulo 1. Supervisión agrícola mediante imágenes y drones

Eres un especialista en tecnologías de la información en una empresa agrícola interesada en incorporar imágenes satelitales y de drones para mejorar sus operaciones. La empresa enfrenta desafíos como la gestión eficiente de recursos, control de enfermedades y plagas, y optimización de la producción. Tu tarea es desarrollar un plan integral que utilice diversas tecnologías para abordar estos desafíos.

Elabora una tabla para cada tecnología propuesta en la que se detalle:

- Tecnología utilizada.
- Objetivo específico.
- Método de implementación.
- Beneficios esperados.

Aplicación práctica 5. Soluciones para mejorar la sostenibilidad y eficiencia en agricultura

Módulo 1. Supervisión agrícola mediante imágenes y drones

Eres un consultor agrícola especializado en tecnologías de información geográfica contratado por tres diferentes regiones agrícolas, cada una enfrenta desafíos únicos en la gestión de sus recursos y cultivos.

Tu misión es analizar cada situación y proponer soluciones innovadoras y prácticas, utilizando las capacidades de ArcGIS Pro para mejorar la sostenibilidad y eficiencia en la agricultura.

Los escenarios son:

- Problemas de salud en los cultivos.
- Gestión de recursos hídricos.
- Planificación y gestión de cultivos.

Ejercicio de evaluación final

1. **¿Qué plataforma permite descargar imágenes satelitales gratuitas para la agricultura?**

   a. Earthdata Search.
   b. Google Maps.
   c. Sentinel Hub.

2. **¿Qué tipo de imágenes se asemejan a fotografías convencionales?**

   a. Imágenes visuales.
   b. Imágenes hiperespectrales.
   c. Imágenes multiespectrales.

3. **¿Qué se debe hacer antes de un vuelo con drones para la recopilación de datos agrícolas?**

   a. Revisar los precios del mercado.
   b. Pruebas Pre-Vuelo.
   c. Analizar los datos de cultivos anteriores.

4. **¿Qué aspecto es fundamental para el éxito de las operaciones de drones en la agricultura?**

   a. La publicidad.
   b. La planificación cuidadosa del vuelo.
   c. La elección del color del dron.

5. ¿Cuál es el objetivo del análisis de imágenes en la agricultura?

   a. Mejorar la publicidad de los productos.

   b. Facilitar la compra de nuevos equipos.

   c. Interpretar los datos para mejorar la gestión de cultivos.

6. ¿Qué permite el NDVI en el análisis de imágenes?

   a. Evaluar la vitalidad de los cultivos.

   b. Medir la velocidad del viento.

   c. Calcular la rentabilidad de los cultivos.

7. ¿Qué técnica se utiliza para la detección de cambios en el análisis de imágenes?

   a. Análisis de mercado.

   b. Análisis detallado de imágenes.

   c. Predicción climática.

8. ¿Cuál es un beneficio clave del análisis en la nube en la agricultura?

   a. Reducción de costos de fertilizantes.

   b. Mayor poder de procesamiento.

   c. Disminución del tiempo de cosecha.

9. ¿En qué consiste el pre-procesamiento en el análisis de imágenes?

   a. Corrección atmosférica y ajuste geométrico.

   b. Cálculo de costos y presupuesto.

   c. Diseño de estrategias de marketing.

10.¿Qué tipo de imágenes es ideal para detectar el estrés hídrico en los cultivos?

    a. Imágenes de radar (SAR).

    b. Imágenes térmicas.

    c. Imágenes visuales.

11.¿Qué información se puede obtener del análisis en el escritorio usando imágenes satelitales?

    a. Predicciones de la bolsa de valores.

    b. Análisis de tendencias de consumo.

    c. Estado de salud de los cultivos.

12.¿Cómo se utiliza Site Scan en la planificación de vuelo de drones?

    a. Para la selección de semillas.

    b. Para definir la ruta del vuelo y captura de datos.

    c. Para el análisis de mercado.

13.¿Cuál es un uso principal de las imágenes hiperespectrales en la agricultura?

    a. Diseño de embalajes.

    b. Comprensión detallada de la composición química de los cultivos.

    c. Predicción del tiempo.

14.¿Qué tipo de análisis permite Site Scan?

    a. Análisis financiero.

    b. Análisis del comportamiento del consumidor.

    c. Análisis y generación de mapas de terrenos.

15.¿Cuál es el propósito de utilizar imágenes hiperespectrales en la agricultura?

a. Estimación del rendimiento de los cultivos.

b. Análisis detallado de la composición química de los cultivos.

c. Monitoreo de la actividad del mercado agrícola.

16.¿Qué información se puede obtener del análisis de imágenes en el escritorio?

a. Preferencias de los consumidores.

b. Estado de salud y crecimiento de los cultivos.

c. Predicciones del clima a largo plazo.

17.¿Qué función cumple el NDWI en el análisis de imágenes agrícolas?

a. Medir la eficiencia de la fotosíntesis.

b. Detectar áreas con déficit o exceso de agua.

c. Calcular el rendimiento esperado de los cultivos.

18.¿Qué permite el uso de imágenes térmicas en la agricultura?

a. Medición de la temperatura de la superficie para detectar estrés hídrico.

b. Predicción de tendencias de mercado.

c. Evaluación de la resistencia de los cultivos a plagas.

19.¿Qué aspecto es crucial para el análisis en el escritorio usando datos de drones?

a. Uso de software especializado para la interpretación de datos.

b. Diseño de estrategias de mercado.

c. Comparación de diferentes tipos de drones.

20.¿Qué permite la integración de datos de teledetección en ArcGIS Pro?

    a. Optimización de las estrategias de publicidad.

    b. Reducción de costos en insumos agrícolas.

    c. Análisis y gestión avanzada de datos espaciales.

21.¿Qué ventaja ofrece el análisis en la nube para el procesamiento de imágenes agrícolas?

    a. Incremento en las ventas de productos agrícolas.

    b. Mejora en la eficiencia de la mano de obra.

    c. Acceso remoto y capacidad de procesamiento escalable.

22.¿Cómo se utilizan las imágenes de radar (SAR) en la agricultura?

    a. Para análisis de tendencias de consumo.

    b. Para el diseño de empaques de productos.

    c. Para seguimiento de la humedad del suelo.

23.¿Qué se evalúa en el pre-procesamiento de imágenes en el análisis agrícola?

    a. Tendencias de mercado.

    b. Eficiencia de los trabajadores.

    c. Corrección atmosférica y ajuste geométrico.

24.¿Cuál es un objetivo principal del análisis en la nube en la agricultura?

    a. Mejora en la gestión de ventas.

    b. Procesamiento y análisis de grandes conjuntos de datos.

    c. Reducción de la dependencia de insumos químicos.

25.¿Qué tipo de imagen se utiliza para el análisis detallado del crecimiento de los cultivos?

a. Imágenes multiespectrales.

b. Imágenes visuales.

c. Imágenes térmicas.

26.¿Qué característica es importante en la planificación de vuelo de drones para la agricultura?

a. Color y diseño del dron.

b. Velocidad máxima del dron.

c. Capacidad de captura de imágenes de alta resolución.

27.¿Cuál es un uso práctico de Site Scan en la agricultura?

a. Evaluación de la calidad de los productos.

b. Planificación y ejecución de vuelos de drones.

c. Estimación de costos de producción.

28.¿Qué índice se utiliza para el análisis de la salud de los cultivos en imágenes satelitales?

a. NDVI.

b. RGB.

c. NDWI.

29.¿Cómo se beneficia la agricultura del análisis en el escritorio con datos de imágenes?

a. Mejora en las estrategias de marketing.

b. Evaluación detallada del estado de los cultivos.

c. Predicción de precios de mercado.

30. **¿Qué aspecto es fundamental en la planificación de vuelo de drones para la supervisión agrícola?**

a. Revisar las tendencias de diseño de drones.

b. La planificación cuidadosa y detallada del vuelo.

c. La elección del modelo de dron.

Solucionario

Módulo 1. Supervisión agrícola mediante imágenes y drones

1. a

2. b

3. c

4. a

5. c

6. b

7. c

8. a

9. b

10. a

Bibliografía

Webgrafía

Agricultura de precisión. Cartografía híbrida con drones y satélites para una agricultura inteligente
https://www.pix4d.com/es/industria/agricultura/

API en la nube para imágenes satelitales
https://www.sentinel-hub.com/

ArcGIS Pro: el software SIG líder del mundo
https://www.esri.com/es-es/arcgis/products/arcgis-pro/overview

Crop-Scan®: escaneo aéreo para detectar el estrés de los cultivos y mejorar la producción
https://www.bioiberica.com/es/medios/noticia/salud-vegetal/crop-scan-escaneo-aereo-detectar-estres-cultivos-mejorar-produccion

Drones y satélites: ¿deben coexistir en la agricultura?
https://eos.com/es/blog/drones-y-satelites-deben-coexistir-en-la-agricultura/

Drones y satélites en el sector agrícola
https://eos.com/es/blog/drones-y-satelites-para-agricultura/

Guía para operadores de drones
https://www.agremo.com/documentation/guide-for-dsps/

Imagen de dron en agricultura, ahora también desde satélite
https://graniot.com/blog/imagen-de-dron-en-agricultura-ahora-tambien-desde-satelite/

Inicio de sesión de Earthdata para acceso a datos

https://disc.gsfc.nasa.gov/earthdata-login

La aportación de sentinel en la agricultura

https://conapa.es/la-aportacion-de-sentinel-en-la-agricultura/

La importancia de las cámaras multiespectrales en la agricultura

https://campodigital.es/la-importancia-de-las-camaras-multiespectrales-en-la-agricultura/

¿Por qué se utilizan imágenes espectrales en la agricultura?

https://conapa.es/por-que-se-utilizan-imagenes-espectrales-en-la-agricultura/

¿Qué es el SIG en la agricultura?

https://eos.com/es/blog/sig-en-la-agricultura/

Sentinel-2.

https://www.onda-dias.eu/cms/es/data/catalogue/sentinel-2/

Sentinel: una nueva puerta para la agricultura de precisión

https://www.agroptima.com/es/blog/sentinel-agricultura-precision/

Tutoriales de inicio rápido de ArcGIS Pro

https://pro.arcgis.com/es/pro-app/latest/get-started/pro-quickstart-tutorials.htm

USGS: explorador de tierra

https://earthexplorer.usgs.gov/

Uso de drones agrícolas. Exploración avanzada de cultivos en menos tiempo.

https://wingtra.com/es/drones-aplicaciones-cartograficas/uso-de-drones-agricolas/

Uso de imágenes y análisis de drones en la agricultura
https://www.esri.com/es-es/capabilities/imagery-remote-sensing/capabilities/analysis/using-drone-imagery-analytics-across-agriculture?rsource=https%3A%2F%2Fwww.esri.com%2Fes-es%2Farcgis%2Fproducts%2Fimagery-remote sensing%2Fcapabilities%2Fanalysis%2Fusing-drone-imagery-analytics-across-agriculture

Textos electrónicos

Drones y procesamiento de imágenes, una alternativa a la erradicación de malezas Dirección URL:
<https://www.researchgate.net/publication/347716944_Drones_y_procesamiento_de _imagenes_una_alternativa_a_la_erradicacion_de_malezas>

Desarrollo de un sistema integral de adquisición de imágenes por dron, procesamiento y análisis para agricultura de precisión [En línea]. Dirección URL:
<https://47jaiio.sadio.org.ar/sites/default/files/CAI-6.pdf>

Uso y manejo de drones con aplicaciones al sector hídrico [En línea]. Dirección URL:
<https://www.imta.gob.mx/biblioteca/libros_html/riego-drenaje/uso-y-manejo-de-drones.pdf>

Uso de drones, un caso de tecnología avanzada en la agricultura [En línea]. Dirección URL:
<https://administracionytecnologiaparaeldiseno.azc.uam.mx/publicaciones/anuario_20 16/06.pdf>

Uso de drones para el análisis de imágenes multiespectrales en agricultura de precisión [En línea]. Dirección URL: <https://core.ac.uk/download/pdf/230755963.pdf>